发现你
未知的幸福

孙郡锴 编著

中国华侨出版社

图书在版编目（CIP）数据

发现你未知的幸福 / 孙郡锴编著 . —北京：中国华侨出版社，2016. 1

ISBN 978 - 7 - 5113 - 5953 - 7

Ⅰ.①发… Ⅱ.①孙… Ⅲ.①幸福 – 通俗读物 Ⅳ.①B821 - 49

中国版本图书馆 CIP 数据核字（2016）第 024449 号

● 发现你未知的幸福

编 著/孙郡锴

责任编辑/文 喆

封面设计/一个人·设计

经 销/新华书店

开 本/710 毫米×1000 毫米 1/16 印张/16 字数/180 千字

印 刷/北京溢漾印刷有限公司

版 次/2016 年 5 月第 1 版 2016 年 5 月第 1 次印刷

书 号/ISBN 978 - 7 - 5113 - 5953 - 7

定 价/32. 00 元

中国华侨出版社 北京朝阳区静安里 26 号通成达大厦 3 层 邮编 100028

法律顾问：陈鹰律师事务所

编辑部：（010）64443056 64443979

发行部：（010）64443051 传真：64439708

网 址：www. oveaschin. com

e- mail：oveaschin@ sina. com

前言

　　幸福，需要学习，更需要去发现。这是社会心理学家对如何获得幸福的一致看法。追求幸福，寻求幸福的答案，提高人民的幸福感，是大众的普遍愿望，也是一个常提常新的伦理问题。对于这些问题，从亚里士多德的时代到今天，不论哲人贤达，还是普通众生，无论是形而上的还是世俗的，都曾认真思索过。对于幸福的观念，不同的时代，人们有着一些不同的理解和认识，但是，人类对幸福的认知，有许多共同之处，而且，人们对幸福的启示随社会的发展而不断增多。

　　幸福常跟我们开玩笑，它藏在拐角处的商店里，妈妈给我们熬米粥的炭火里，它是一个精灵，需要我们用心去捕捉，用爱去感受。我们拥有的多寡，所处环境的优劣，都不会影响我们去清理感情、发掘幸福，只要我们自己感觉幸福，就是幸福的。你未知的幸福是什么？就是认识了一位有趣的新朋友，天天都有好心情，就是取得了"无心插柳柳成荫"般的成就，还可以是跟心爱的人在一起享受生活的惬意与开心，幸福是一轮冉冉升起的朝阳……幸福就是活出一个全新的自己。

我们的幸福是一种心理感受，是一种源自内心深处的平和与协调。它不同于拥有世俗的富贵与财富，它藏在对未知事物的探索之中，藏在渴望和感受的过程中。幸福可以是一种心情，可以是一种氛围，可以是一种奋斗，可以是一种拥有，可以是一种追求，可以是一种苦尽甘来的喜悦，可以是一种对生活的审视和发现，可以是对未来的执着追求和建设。

　　你想要发现更多未知的幸福吗？那么，求人不如求己，自己就能寻找幸福！幸福不在别处，它就在你的身边，也许就在这本枕边书之中，让我们从阅读与思考中开始吧！

目录

1. 追踪幸福的足迹——我们的幸福在哪里

人在世上跋涉，抑或欢喜，抑或悲伤，经历着平淡或是惊险的事情，心灵的碰撞交织让我们回首发问：我们幸福吗？我们的幸福在哪里？其实，幸福就是一种态度和一种境界，是一种用心去体会的感觉。我们常被世间的纷纷扰扰所羁绊，找寻不到幸福的踪迹。那种不经意间从心底升腾起来的幸福感持续不了几分钟就被无情的现实所搅碎，但这并不能阻挡人们寻找幸福的步伐。生活在这个世界上，人们都执着地奋斗着，追逐着幸福的脚步，只要我们相信幸福，就可以找到属于自己的幸福，愿你永远与幸福相随！

2. 开启紧闭的心门——用心倾听幸福的声音

　　很多时候我们感到不幸福，是因为我们计较的太多。人们一直关注自己的利害与得失，并以之为衡量幸福的尺码，心门越关越紧，眼界越来越窄，离幸福也就越来越远。殊不知，心门开放迎接阳光，获取大自然一切美妙的声音，时间一久，幸福的声音也会飘然而至。卸下人生的重负，打开心门。当你与你的朋友和家人亲近时，你会从他们那里获取无穷的快乐。发现你未知的幸福，首先需要我们有一个开放的心态，让我们沐浴阳光，倾听幸福。

3. 体味细节的力量——捕捉点滴中的温暖

很多人认为幸福必须建立在巨额的财产基础之上，而他们往往在追逐物质的道路上疲于奔命。幸福感消磨殆尽，并未因财富的递增而成正比。而只要停下来，回归于生活之中，我们就会惊奇地发现，原来，幸福就潜藏于一个个生活场景里，比如傍晚和家人一起漫步，餐桌上的互相夹菜，患难中朋友的慷慨相助，一个阳光明媚的艳阳天……平凡的生活里蕴含着千金难买的幸福，只要我们善于观察、善于发现，珍惜每一个平淡日子里的感动与温馨，幸福就会环绕你的周围。

4. 发现生活的美好——善待亲情和友情

我们在家庭与事业、梦想与现实之间，常常会感觉疲惫和迷茫；在世俗的纷扰中，心灵被蒙上灰尘，理想逐渐消解，灵性悄悄沉睡，而我们所要追寻的那份幸福，仿佛已经成了一份遥不可及的梦想，我们不知道该如何获得它的垂青。但生活终究有美好的一面，它需要你去发现。不要在生活里出现不如意的时候，你就感到悲戚和伤感，发现未知的幸福，就要从我们身边做起，从亲人和朋友身上去找寻幸福，浓浓的亲情会让你倍感幸福，真挚的友情会让你勇气倍增。

5. 肯定自己的价值——职场的幸福筹码

　　当我们在职场上打拼赢得自己幸福的时候，你是否能够停下来认真地审视自己呢？职场是我们重要的活动场所及生活领域，职场幸福是幸福感的一个重要组成部分。我们幸福与否，在很大程度上与工作时是否感受到幸福休戚相关。而职场幸福，首先是从肯定自己的价值开始的，对自己的表现满意，你就会感到快乐，快乐溢满心境，幸福感则油然而生。幸福相随的人，工作又怎能不高效呢，这是一个良性的循环过程。

6. 呵护盛开的玫瑰——营造爱的浪漫氛围

幸福，始终是身在爱恋中的人的最大守候。幸福的定义在每个人的心里不尽相同，但甜蜜的感觉则是一样的。幸福在恋爱中的女孩眼里，可能是一个月朗风清的夜晚，王子骑着白马带着她飞到遥远的森林，手里捧着玫瑰花，对她说着甜蜜的话；幸福在已婚的女人眼里，可能就是和孩子、丈夫在一起，周末全家一起出去旅游，丈夫下班回家后坐在一起聊聊天，其乐融融。盛开的玫瑰需要用心呵护，要想幸福长久，你就得用发现的精神，营造幸福的氛围，让身在其中的人更加幸福！

7. 丈量幸福的尺寸——别让名利拨乱幸福的琴弦

　　人们不停地追逐着名誉，追逐着财富，追逐着更大的利益……其实，也正是这种无休止的欲望吞噬着我们的幸福。很多人认为，人奋斗的目的就是为了名利，从而赚到更多的钱，过更好的生活。诚然，名利带给人的实惠是显见的，但却换不回我们流逝的岁月，换不回我们丢失的健康，甚至是我们急需的幸福它都无能为力。真正懂得生活、会享受生活的人，会正确丈量幸福的尺寸，从容地看待名利，才能在人生的交响乐中，奏出幸福而优美的篇章。

8. 规划完美的人生——谱写日子中的唯美旋律

　　幸福人生不是凭借幸运就能得来，它还需要我们去发现、去规划。一路奔忙之中，我们常常忘了放慢脚步，而你重新打量周遭，审视自己的生活，未尝不是一件好事、一次转机呢。因为有规划，知道自己想要什么样的生活，也就明白了幸福生活所需具备的各种要素，比如心态、健康、希望等，它让我们无论是在身、心、灵上，都能供给我们源源不断的勇气和力量。选择过什么样的人生，仍然是我们能够主动掌握的事。

1.追踪幸福的足迹
——我们的幸福在哪里

　　人在世上跋涉，抑或欢喜，抑或悲伤，经历着平淡或是惊险的事情，心灵的碰撞交织让我们回首发问：我们幸福吗？我们的幸福在哪里？其实，幸福就是一种态度和一种境界，是一种用心去体会的感觉。我们常被世间的纷纷扰扰所羁绊，找寻不到幸福的踪迹。那种不经意间从心底升腾起来的幸福感持续不了几分钟就被无情的现实所搅碎，但这并不能阻挡人们寻找幸福的步伐。生活在这个世界上，人们都执着地奋斗着，追逐着幸福的脚步，只要我们相信幸福，就可以找到属于自己的幸福，愿你永远与幸福相随！

寻觅，幸福之路在何方

现代人尽管在生活条件上比父辈人要强很多，但他们依然感觉自己缺少幸福或不幸福。幸福作为内心的一种情感状态，着实反映了人们内心里的纠结。当一个人感到自己幸福，他会在不知不觉中顺从这种状态，幸福感也就越发明显。当一个感觉不幸福时，他的内心也就越发浮躁和焦虑，不停地找寻幸福，但却总也找不到，幸福究竟跑到哪里去了呢？

现代社会竞争的压力，不免让我们产生彷徨失措的感觉，在十字路口的中间，我们分不清幸福是哪一条路。人的一生中，人们在经历坎坷和挫折的时候，都希望去沐浴幸福和快乐，因为它们能消除人的痛苦，化解人的烦恼。当真正幸福快乐时，我们感觉时间是那么的短暂；相反在痛苦难过时，我们却抱怨度日如年。我们一直在找，那个关于幸福的身影。但你想过没有，身陷痛苦的囹圄，你的心灵颤抖了吗？身处绝望的深渊时，你坚持了吗？幸福，也许会在下一秒出现。

当我们遇到坎坷、挫折时，悲观失望、长吁短叹、停滞不前，幸福就会离你越来越远。而你把它作为人生中一次历练，幸福则会不期而至。把磨炼看成是一种人生成长中的常态，把幸福当作风雨后的彩虹，这将助你更好地谱写出自己的人生精彩。有这样一则故事：

相传有两条狗彼此相依为命。小狗老是抱怨生活的穷困，幸福之

2

神不知道何年何月才会降临，使它们衣食无虑，洗刷"丧家之犬"的羞辱。老狗总是安慰小狗："无家处处是家，生活只要温饱就足够了，被人类豢养，做一只摇尾乞怜的狗，反而失去尊严和自由。"

小狗听不进老狗的意见，一心做着"流浪狗变名贵狗"的美梦。

有一天，小狗问："幸福到底在哪里？"

"幸福就在你的尾巴上。"老狗说。

小狗听完，为了要抓住幸福，拼命转着圈子，要咬住自己的尾巴。

小狗转得满身大汗，还是咬不到自己的尾巴，垂头丧气地对老狗说："我的幸福在尾巴上，可是我却抓不住幸福，老狗，你有什么办法可以抓得住幸福呢？"

老狗笑说："我寻找幸福是向前走，对过去无悔，对现在无惧，对未来无忧。只要我的脚步向前，尾巴上的幸福快乐自然跟随我。"

寻寻觅觅，幸福到底在哪里呢？这个故事很好地为我们解答了这个问题，幸福更多时候是一种感觉，只要我们内心有幸福，并一直向前走，幸福就像影子一样跟随在我们的左右。幸福不会因你出众而青睐你，亦不会因你平凡而抛弃你。猜忌使我们远离幸福的目光，怀疑使我们错过幸福的召唤，嫉妒使我们模糊幸福的面貌，妄想使我们失去幸福的拥抱。幸福，源于我们的心灵。

人们都希望幸福，过幸福快乐的生活，可是幸福快乐的感觉不是想起就会有的，人们对幸福的界定不同，幸福感的产生也就不尽相同。幸福不仅在于寻觅，更在于发现。请看下面一则故事：

有这样一则寓言故事，有一位诗人，年轻、英俊，有才华且富有，妻子貌美而温柔，但他却认为自己过得不快活，很不幸福。

善良而热心的上帝看到他，问："你不快乐吗？我能帮你吗？"

诗人对上帝说："我什么都有，只欠一样东西，你能够给我吗？"

上帝回答说："可以。你要什么我都能满足你。"

诗人直直地看着上帝说，"我要的是幸福。"

这下子把上帝难倒了，上帝想了想，说："我明白了。"然后把诗人所拥有的都拿走了。

上帝拿走了诗人的才华，毁去了他的容貌，夺去了他的财产和他妻子的性命。上帝做完这些事后，便扬长而去。

一个月后，上帝再次回到诗人身边，看到诗人饿得半死，衣衫褴褛地正躺在地上挣扎。于是，又把他的一切还给了他，然后就离去了。

半个月后，上帝再去看那位诗人。这次，诗人搂着妻子，不住地向上帝道谢。因为，他终于找到了他想要的幸福。

这则故事中的诗人在经历了失而复得的变故，才发现曾经拥有的便是幸福，这是他所未知的幸福。但在我们的现实生活里，一旦失去就很难找回，生活里的悔棋并不容易。那么，我们为何不在拥有时就好好珍惜呢？

没经历孤寂的人，怎知何谓璀璨的人生呢？没痛过，又怎知幸福是何感觉呢？人很奇怪，每每到失去时，才懂得珍惜。说到底，幸福就在我们身边。这就好比肚子很饿的时候，有一碗热腾腾的面条放在你的眼前，这就是幸福；劳累了一天，回家倒在软软的床上，这也是幸福；伤心的时候，有人温柔地递上一张纸巾，也是幸福……

放眼四周，幸福无处不在，可挑剔惯了的我们却很少能去发现它、感受它。从今天起就做个善于发现的人吧！发现了你未知的幸福，你将更加幸福。

幸福悟语：

很多人眼睛中充满了迷茫，心里揣着苦闷，到处寻觅着幸福的身影，却总是看到或感受到一些不如意的场景，结果，幸福渐行渐远成了他们眼中可望不可即的风景。其实，幸福不必时刻的抓在手里，抓得越紧反倒失去的越快。我们只有理顺心境，善于用智慧的眼睛去寻找发现，幸福就会惊奇地来到你面前。

相信吗？你的生活有一种独特的味道

当我们越长大越失去，而且失去的很多，就开始迷茫：为什么别人会很好地走下去，而我却总在不断地失去呢？看到别人幸福，心里不自觉会泛起一阵心痛。也许是因为你自己觉得你不够幸福吧，还是因为你没能够发现你的生活有种独特的味道？不必怨天尤人，认真地审视自己吧，你也许会发现自己的人生里蕴藏着巨大的幸福宝藏！

现代人总是在追求中迷失自己，总是在羡慕别人的幸福，殊不知，自己拥有的幸福原本就很多，甚至已成为别人羡慕的对象，你要相信自己的生活有一种独特的味道！为何我们的心里不会坦然呢？不过这样的心态可不好，试着想想你身边爱你的人，疼你的父母，难道你真的感觉不到幸福吗？也许你是真的想多了，你要相信自己正被幸福包围着！自己的生活有一种独特的幸福。

快乐的人有着自己的休闲时光，他们从容、大度。他们不会为自己的人生自怨自艾，他们知道如何去经营自己优势的一面、漂亮的一面。生活里的酸甜苦辣只能自己知道，挺过了难关，就是好样的。即使面临困难，也不会悲观，做自己想做的事绝不勉强自己。人生苦短，一定要学会善待自己，当然也应善待自己的朋友和知己，那样你才能感觉不到自己的孤独。相信自己，有好多的人在乎你。平时多想一些自己曾经有的快乐，忘掉以前不快乐的东西，其实你的生活是精彩的！

生活里的很多人常常沉迷于别人的好，一直都沉迷于美好而烂漫的想法中，从而迷失了自己，不停地变换着自己的脚步去追随别人的步伐。为了迎合别人的想法，为了让对方觉得跟他很合拍，绞尽脑汁地去改变自己。甚至在很长的时间里，每天都不停地向佛祈祷，成了一个没有时间考虑自己、没有时间关心自己的人。其实这样做是非常累的。

请看下面一则故事：

丈夫参加完同学聚会回来，赌气地对妻子说："以后再也不去参加这样的聚会了！"妻子问他原因。他说："那些昔日同学，很多不是升官就是发财了，聚在一起，不是炫耀就是攀比，那些话语有多嚣张，我这样的小人物简直是寒酸极了，连插话的份都没有，郁闷极了。"妻子笑笑说："你不是也有一份不错的工作吗？车子房子都有了，何不拿来和他们比一比，气气他们也好呀！"丈夫轻轻捶了妻子一拳，假装生气地说："你明知道我的情况，还拿我开玩笑！"妻子笑过，随即也很认真地对丈夫说："你不必妄自菲薄，依我看来，你有一份喜欢的工作，一个幸福的家，虽然房子没有别人的那么大，车子也没有别人的漂亮，但也足够自己一家使用了，既然这样那又何必一定要和别人比大、比富有呢？弄得自己如此的不开心！值得吗？最重要的是你是在享用自己的劳动所得，应该活得舒坦活得悠然才是呀！"

丈夫听完，心情豁然开朗，同学的生活是很富足，但自己的生活也有种独特的味道！虽然房子没有他的一半大，但它已经足够自己一家住了；虽然小车没有他们的漂亮，但它也让全家行走自如了；虽然他家的电视是54寸，你家的电视只有21寸，但你照样看得很有滋味；虽然他一顿饭要花几百块钱，但只吃十块钱一顿饭的自己也是健健康康的……原来，自己并不缺少幸福。

这个故事里，主人公差点被外在的现象迷失了自己，迷失了幸福。妻子的一番开导让他重新找回了幸福。其实一个人活着，他在物质方面的需求并不是很多的，三餐一宿，简简单单，若你降低了物欲，其实你也得到了快乐，常言说"人到无求品自高"，话虽如此，但作为一个生活在俗世中的普通人，完全做到无欲无求是不可能的。如果在自己的能力范围内，通过自己的努力，去追求一些物质享受这也是应该的，也是无可厚非的。

你要相信你的生活里有着独特的味道，你的幸福别人无法取代。你也可以活的很快乐和洒脱，因为你有自己的工作，有自己的爱好，有自己的梦想，可以把精力放在做真实的自我上。你可以随心所欲地装扮自己，不用管别人说什么；你可以随心所欲地摆各种姿势，不用管别人怎么看；你可以随心所欲地到想去的地方旅游，没有人可以阻拦你；你可以随心所欲地为自己而活，不用为了附和别人而改变自己；你可以认真地去发现未知的幸福，不必被琐事所牵绊。

 幸福悟语：

不必艳羡别人，自己是独一无二的！快乐的人常有荣辱不惊的信念，看庭前花开花落，去留无意，望天空云卷云舒，他们就是幸福的人。他们爱自己更爱别人，学着享受生活放松自己。放下执着的包袱，放慢自己的脚步，展开真诚的笑脸，你会活得更精彩，你会发现你的生活有一种独特的幸福味道！

放下吧，负累越多越伤心

琐事缠身，被困在了纠结的境地，于是我们离幸福就越来越远。我们用每天不得不做的事情的多少来区分"忙"与"不忙"，但其实，这只是从外表看忙碌。如果从本质来看，与其说忙碌是一种状态，更不如说它是一种心态，一种由烦躁、忧虑、沮丧、郁闷紧紧交织的心情。负累太多，让我们失去了自由轻松的生活，失去了探知幸福的源泉，而一旦放下，幸福就会重新回到你身边。

古希腊哲学家曾经说过：不要奢求你没有的东西，而不知享受已有的东西，须知你现有的东西一度也曾是你向往的东西。

当我们赤条条地一无所有来到这个世界，是上天给予了我们生命、健康、亲人、思想、财物等东西，上天待我们何其厚？让我们拥有了许多，占据了许多。可是，我们为之满足了吗？我们感到幸福快乐了吗？我们总是不停地祈求上天给予我们的更多更多，总在希望我们手中的东西越来越多。有了健康我们还要聪明，有了聪明我们还要美丽，有了美丽我们还要财富，有了财富我们还要地位……我们总是奢求太多、负累太重，总以为得到的不够，拥有的不多，总以为上天对我们不够好，给予我们的比别人少。现代的人们经常看不到已有的东西，不知享受已有的东西。也会常常忘记，现有的东西一度也曾是自己一直追求向往的东西，追求的东西往往成为了一种负累，而让幸福伤心地出走。

心灵就像一个知心的朋友，经常和它保持沟通，它会给你有如知心朋友般的温暖和呵护。心灵的房间，不打扫就会落满灰尘；负重的旅人，不卸重就不能走得更远。心灵被蒙尘，会变得灰色和迷茫；人载重，会变得疲惫和压抑。我们每天都要经历很多事情，开心的，不开心的，都在心里安家落户。心里的事情一多，就会变得杂乱无序，然后心也跟着乱起来。有些痛苦的情绪和不愉快的记忆，如果充斥在心里，就会使人萎靡不振。所以，扫地除尘，放下重负，能够使黯然的心变得亮堂；把事情理清楚，才能告别烦乱；把一些无谓的痛苦扔掉，幸福的空间将会更多更大。

两位禅师走在一条泥泞的道路。来到一处浅滩时，看见一位美丽的少女在那里踯躅不前。由于她穿着丝绸的罗裙，使她无法跨步走过浅滩。"来吧！小姑娘，我背你过去。"师兄说罢，把少女背了起来。过了浅滩，他把小姑娘放下，然后和师弟继续前行。师弟跟在师兄后面，一路上心里不悦，但他默不作声。晚上，住到寺院里后，他忍不住对师兄说："我们出家人要守戒律，不能亲近女色，你今天为什么要背那个女人过河呢？""呀！你说的是那个女人呀！我早就把她放下了，你到现在还挂在心上？"

常说助人为乐，帮助人会让自己快乐和幸福。这则故事里，师弟既想助人为乐，又放不下内心的戒律，无端的烦恼让他犹豫不定、左右为难，而像师兄那样一旦放下了心灵包袱，救人也成功了，内心也坦然了，幸福也就回归了。

　　负累会成为我们找寻幸福的绊脚石，时下，很多人拥有太多，但并不幸福，就是因为他们负累太多。比如有的人成天名利缠身，快乐却无影无踪，快乐在哪里？快乐又何处去寻找？悲剧的是，我们就是这样常常追逐着快乐，却总放不下自己心中的负累。其实，快乐和幸福是很简单的。如果你能以有一个健康的身体而快乐，有一份稳定的工作而知足，有一个和谐的家庭而幸福，生活就会变得非常美好。快乐是一种心情，一种心灵顿悟后的豁然开朗，一种负累顿释之后的轻松如意，一种云开雾散后的阳光灿烂，它是一种人生练达的哲理与智慧。幸福就潜藏在我们每一个平平凡凡的生活故事里，需要我们用心去发现。

　　英国一个小镇有一个大富翁，他非常的不快乐。即使他是全镇最富有的人，但他还是睡不好吃不好，他担心这个又担心那个，怕他的金银财宝被偷被抢，所以他一天24小时都背着所有的财物，他很不快乐。有一天，他出远门还是背着他所有的财物外出，越走越重心情越沉重，他想不通为什么他这么辛苦这么不快乐。走着走着他看到了一个农夫打着赤脚，穿着很破烂的衣服一面唱歌一面耕种，他想农夫那么穷又那么辛苦为什么他会那么快乐，于是他问了农夫，你为什么这么快乐，有什么秘诀呢，农夫笑着对他说："放下，你就会快乐了。"

　　这则故事里，睿智的农夫一语道破了富翁的心结，即"放下，也是一种得到"。其实我们这一生被太多的东西所牵绊，理智的人不会痛，感性的人也不会痛，真正痛的是在理智和感性夹缝中生存的人。富翁拥有了常人没有的财富，完全可以将其转化为幸福，可悲的是这成为他的一种负累，而失去了幸福。有时只有勇敢地放下牵绊和负累，才能得到属于自己的幸福。

　　紧紧抓住不快乐的理由，无视快乐的理由，就是你总是觉得难受的原因了。放下负累，用一晚上做点手工活，喜欢动手做任何东西不论结果如何，过程总是美好的，幸福的感觉就会洋溢你的心境。

 幸福悟语：

　　如果将我们的生活比作旅游，负累就是我们携带的行囊，这"行囊"会陪伴我们一生的旅程。但善于发现幸福的人却会聪明地看待它。其实，生命正是在负累的拿起与放下的交替中顽强向前的，并闪现出进步的火花，就如黑夜与白天的交替中出现的彩霞。幸福需要发掘，就要求我们心态要摆正，时刻提醒自己不要太忙，适时地将负累放下，重新找回失去已久的快乐与幸福。

计较的越少，得到的快乐越多

　　满足个人欲望，追求幸福，是人与生俱来的本能。但是，不切实际的追求，就会转变为计较，对自己和他人却是一种伤害。有的人已经拥有了很多，却仍然眼盯着没有得到的身外之物。什么都拥有了，仍然感觉缺点什么。如此一生，何谈幸福呢？其实，人生真的不需要计较，计较的人永远不会有真正的快乐！

　　我们在很多时候都会小肚鸡肠，为那些虚无的名利而斤斤计较，我们也不会反求诸己，而把责任推到别人身上。我们为什么不反问自己：假如我们自己很优秀，他人还会对我冷言嘲讽吗？

人性的一大缺点就是计较，它让我们失去太多宝贵的东西。一个人感觉自己幸福和快乐，不是得益于他拥有很多，而是因为他很少去计较。殊不知，事情越计较，就越烦琐，心情也就越纠结。一个凡事都计较的人，他失去的不仅是快乐，还有许多更珍贵的东西。人们对金钱的计较往往是耿怀在心，当你和钱斤斤计较的时候，钱也会和你斤斤计较，所以把钱看得很开的人，快乐和幸福就经常环绕于他的周围。

待人不计较也会让自己幸福。由于你的豁达传达给对方的是温暖，对方会因为你的这种豁达而产生出一种为你付出值得之感，所以，待人不计较也会让自己的心里感觉着舒心。

请看下面一则故事，看文中的主人公是以什么样的心态赢取了事业成功，获取人生幸福的。

10年前的我，是一个普通的修理工，每天都重复着同样的工作内容。可是，渐渐地我开始觉得不对劲，我的工资收入越来越少，无法满足生活的开销。无奈之下，我只能和其他人一样，选择了开出租车这个职业。为了增加客人的乘车机会，我到机场去排班等待载长途客人。有一天，我发现前面有一点怪怪的：有一位客人不断上车，可是又不断下车，一连换了好几辆出租车。然后他来到我的车旁。"怎么回事？"我疑惑着。客人的一句话就让我震撼了："500元去B城！""什么？"我一下没反应过来。因为以我们出租车定的行情价来说，从A城到B城一律是700元，低于这个价格就是亏钱。面对这种状况，原则上我们出租车司机是可以拒绝的。

"要接一个长途却亏钱的生意，还是继续等待下一单生意？"我犹豫着。

突然，我想起曾经看过的一句话：计较让你变得贫穷！于是我不再犹豫。当我把客人送到 B 城时，我开车转个弯打算开回 A 城。突然，我眼睛一亮，想到一个好主意："对了，我可以找客人一起拼车啊！"B 城有个客运站，很多商务人士会从那里搭车回 A 城。如果多接几个客人一起拼车，这一趟 B 城行就可以拉平成本。

"小姐，你要不要拼车回 A 城？"我稍微靠过去问客运站的一位小姐。

"哪有这么好的事？"这位小姐不以为然。"请问你搭长途大巴回 A 城要多少钱？"我接着问她。"110 元。""哦，那坐我的车子 90 元就可以了。""什么？"小姐脸上露出惊讶和怀疑的表情，并谨慎地打量着我。

我赶紧拿出车上的出租车登记证给她看，"小姐，请看！这个就是我。我刚从 A 城载客人到 B 城，现在要回 A 城，想要找人一起拼车分摊一点成本。"

"这个好像是真的。可是，只有我一个人，我不敢坐。"这位小姐坦诚地说。

"没关系，那我们再等等其他的客人一起拼车。"没多久，客运站出现了另一位小姐，我走过去邀她一起拼车。

炎热的天气让人非常口渴，我临时决定上高速公路之前先去买瓶水喝。我把车停下来，对两位小姐只说了句口渴要去买水，两位乘客并没有多说什么。不过，当我回到车子上时，我并不是拎着一瓶水，而是抱了 3 瓶矿泉水。

令我意外的是，这 3 瓶矿泉水改变了我的一生。

两个星期后我的手机响了。"你好，司机大哥！你还记得我吗？

我是上次从 B 城和你拼车回 A 城的客人。我们有个同事想请你帮忙，要从 A 城载一位老师到 B 城，你能不能先报个价？"

我本来以为这只是一次普通业务，没想到后来有幸能成为一个常态的合作模式。我开始固定为黄小姐所在的企业管理顾问公司，从 A 城载老师们到 B 城演讲或是开会。在没有固定客源的出租车职业中，我给自己开拓出一条长途载客的固定客源。

"计较让你变得贫穷。"就是这个一念之间的想法改变了我。让我找到了自己想要的服务方式，为我建立起一个标榜服务的车队，让我的人生从此不一样。

这个故事里，司机师傅以他豁达的心胸赢得了一系列的业务，方便了他人也幸福了自己。生活中我们常会遇到各种各样让人头疼的事情。一旦遇到，我们是斤斤计较、怒发冲冠还是莞尔一笑、转身释怀呢？这是一种选择，也是对幸福生活的取舍。如果我们能像司机师傅那样，计较的越少，得到的也就会越多。

以豁达的眼光来看，人生其实没有什么值得我们大惊小怪，更没有什么事情值得我们斤斤计较。时下有这样一种理念：让自己幸福的最好办法，不是生气而是去争气，去努力做得更好，在人格、知识、智慧、实力上让自己加倍成长，变得更加强大，当问题来临时就会迎刃而解，变得简单。

对待金钱的态度也一样，当你不再为钱计较，不单纯为钱而过活的时候，你才可能拥有更多的钱，因为金钱仅是成功的附带品。计较的越少，则可能让人拥有更多宝贵的东西，这些都是无法用金钱去衡量的。

幸福悟语：

计较的少你会得到更多幸福，计较会让你得到忧伤。计较的少会让你懂得欣赏，计较会让人体验到悲伤。不计较是春风，会给人舒心和舒畅；不计较是甘泉，在对方体验到甘泉时，你也会体验到幸福。如果你懂得知足，胸怀足够豁达，你就不会因得不到贪婪的满足而心情沮丧，幸福也就与你快乐结缘了。

成长是一种烦恼，但也是一种幸福

成长是最奇妙的事情，春去秋来，年复一年，时间就在时光老人那神奇的水晶球里慢慢地流逝。在成长的日子里，往事如烟，从我们记忆的海洋中一点一滴浮现。我们用不同形式记录自己一点一滴成长经历的幸福感，有人说："幸福是自找的。"从我们成长中的烦恼与快乐之中，证实了这一点！

当一个新生命降临人间，睁开了蒙眬的双眼，仿佛树枝上那带着细绒毛的小嫩芽小心翼翼地探出了脑袋，好奇地望着这个美丽的世界，生命刚刚开始，幸福的感觉悄悄地降临了。全家人尽心尽力地照顾着宝宝，小小的嫩芽绽开了可爱的笑脸，在微风中轻轻地摇曳着，那是一种静静的、懒懒的幸福。

很小很小的时候，有亲人温暖的怀抱，有可亲可爱的伙伴陪着自由地玩耍，一起唱着的歌如鸟儿的欢叫声回荡在大自然赐予的每一个角落，那个时候，幸福就在身边。

青春期的孩子自我意识和好奇心的增强，加之社会、媒体的冲击，促使他们对许多东西产生兴趣，他们便要通过表现个性、追逐潮流来满足自我意识和好奇心；另外，社会和家庭传统教育的一些弊端，阻碍了他们自身发展的需求、成了叛逆心理产生的源头。烦恼代替幸福汹涌而来，笑容里带着淡淡的忧伤，忧伤却没有人懂得。

巴尔扎克在他很小的时候就喜爱文学，父亲却执意要他学习法律。他就是不服从父亲的旨意，父子之间为此事经常发生冲突。

一天，父亲再也按捺不住气愤，质问巴尔扎克："我让你学习法律，你为什么要学习文学？"

"爸爸，您知道，我对法律是毫无兴趣的。"巴尔扎克非常恳切地对父亲说。"毫无兴趣！"父亲暴怒地快要跳起来，"你有兴趣的是什么？是文学！搞文学谈何容易，我看你根本不是搞文学的料！""那不一定！"巴尔扎克摇摇头，非常自信地说，"一个人的成功，往往取决于他的信心和努力。"

"信心和努力？那好，从今天起，给你两年的期限，搞不成，就得学习法律，你敢答应吗？""敢！"巴尔扎克斩钉截铁地回答。

从此，巴尔扎克被父亲关在房子里，整天埋头写作。这期间，他写了一个历史剧，由于自己的阅历有限，对剧本的特点了解不够，没有成功。但巴尔扎克并没有丧失信心，他坚信，只要有决心、肯努力，一定能在文学上取得成绩。

一段时间的写作实践，使巴尔扎克感到自己的知识和经验都很浅薄。于是，他拼命阅读世界文学名著，广泛地接触社会和了解人生。他天天出入于图书馆和书店，总是来得最早，离开最晚。有一次，他在图书馆里翻阅资料，边看边记，忘记了时间的早晚。图书馆的人员下班了，也忘记招呼巴尔扎克一声。第二天早晨，图书馆的人员来上班了，发现巴尔扎克还在边看边记。为了读书，巴尔扎克真到了废寝忘食的地步。

巴尔扎克在一部小说中需一打架斗殴的情节，就到街上去观察。好容易遇到两个青年人争执，他就故意从中煽风点火，想让两个人打起来。谁知两人看穿了他的"诡计"，联合起来把他轰走了。

巴尔扎克写起文章来就闭门谢客，甚至家里人也不让进他的书房。有一次他把屋门锁了，从窗户跳进屋里，再把窗紧闭上。来访的人见门上落了锁就自动回去了。

经过几年的努力，巴尔扎克出版了小说《朱安党》，赢得了法国文学界的一致赞扬。此后他又陆续完成了《人间喜剧》等97部小说，确立了他在法国文学史和世界文学史上的地位。

成长的过程里总会有些意外的惊喜和悲伤跳跃在眼前。一个可以随意撒欢的年纪似乎渐渐远去，似乎生命中最初的纯真就那样恋恋不舍地留在当初那纯粹的心性里了。当面对这世界层出不穷的复杂时终于忍不住在眼神里注满了无奈时，我们就能理解少年时那段时光的可贵。

在长大后，我们经历着爱与恋的欢喜、痛苦、纠缠，发现自己再也不是那一张白纸，上面已画有太多的图案。经历了爱恋之后，痛过后，猛然发现幸福来得很快，走得也快。幸福还在的时候，没有努力抓住它，是自己放走了幸福，回到原点，一个人孤独地走。幸福在的时候，只是淡淡的感觉。

成长是一种幸福，人生不停地在岁月的变幻里交错，许多曾经很特别的经历都在脑海中慢慢平息，甚至消失得没有了踪影。偶然回忆起来，就如风掠过时起伏荡漾。

成长快乐，点点滴滴都值得回味。尽管幸福不是一种完美和永恒，而是心灵和世间万物的一种感应和共鸣，是一种内心对生活的感觉和领悟。就像花朵在黎明前开放的一刻，秋叶在飘落的短瞬间，执手相看的泪眼，心中的月亮圆缺。不必计较成长中的不完美，记住成长中的故事，每个快乐的时光都是幸福的。

 幸福悟语：

幸福是什么颜色的？它来自于我们成长的记忆画板里。真正的幸福和悲哀，只有自己才懂，每个人的幸福含义，都不尽相同。宝马香车，富贵荣华就一定幸福么？竹篱茅舍，小几清茶，短笛长箫，和最爱的人相视一笑，谁又能说这不是人生的幸福和快乐呢？然后终于明白了幸福其实就是一种感觉，你感觉到了，便是拥有。如果你觉得离幸福并不遥远，却总也找不到，那就用心去做一个漂泊的人，在成长之中不知不觉间就会离幸福又近了一步。

白菜豆腐保平安，幸福原本浪简单

有的人以为生命过的轰轰烈烈才会赢得幸福，殊不知平淡生活中的点滴幸福才会持久。人真正懂得了顺其自然，做到不动心、不让外界的事物对你内心产生影响，做到"身心合一"，这样，就不会有烦恼。生活是钟情于享受它的人，所以，我们要学会在平淡中享受生活。

有的人不甘于平淡的生活，而走上孜孜追求的道路。生活中有很多快乐，只是由于我们行色匆匆，所以总是与快乐失之交臂。透过混沌的现象背后，我们发现自己所要的其实就是"白菜豆腐"那么简单的爱和简单的生活，而人们做什么事情都喜欢繁杂和有情调。放慢前行的脚步，让心态回归简单，我们的生活就会如白菜豆腐汤一样平平淡淡，有滋有味，汤汤水水，永不分离！

白菜豆腐，清清白白。在急速前行的人生道路上，有时候稍微放慢一下脚步，就会发现沿途有很多美景，生活也会因此绚丽起来。当你的生命与上天给予你的使命结合起来的时候，你的生活就会变得自然，也就不再为患得患失的事情而伤心了。每天不思考太多，顺其自然地过好每一天，就很幸福。

请看下面一则故事：

杰克是个饭店经理，他的心态总是很平和。当有人问他近况如何时，他总是回答："我快乐无比。"

如果哪位同事心态不好，他就会告诉对方怎么去选择事物的正面。他说："每天早上，我一醒来就对自己说，杰克，你今天有两种选择，你可以选择心情愉快，也可以选择心情不好。我选择心情愉快。每次有坏事情发生，你可以选择成为一个受害者，也可以选择从中学些东西。我选择后者。人生就是选择，你选择如何去面对各种处境。归根结底，你自己选择如何面对人生。"

有一天，他忘记了关后门，被三个持枪的歹徒拦住了。歹徒朝他开了枪。幸运的是这件事情发现得早，杰克被送进了急诊室。经过18个小时的抢救和几个星期的精心治疗，杰克出院了，只是仍有小部分弹片留在他体内。

6个月后，他的一位朋友见到了他。朋友问他近况如何，他说："我快乐无比。想不想看看我的伤疤？"朋友看了伤疤，然后问当时他想了些什么。杰克答道："当我躺在地上时，我对自己说有两个选择：一是死，一是活。我选择了活。医护人员都很好，他们告诉我我会好的。但在他们把我推进急诊室后，我从他们的眼中读到了'他是个死人'。我知道我需要采取一些行动。"

　　"你采取了什么行动？"朋友问。杰克说："有个护士大声问我有没有对什么东西过敏。我马上回答：有的。这时，所有的医生、护士都停下来等我说下去。我深深吸了一口气，然后大声吼道：'子弹！'在一片大笑声中，我又说道：'请把我当活人来医，而不是死人。'"杰克就这样活下来了。

　　这个故事要告诉我们的就是：人生充满了选择，于平淡中选择快乐也是一种选择。面对突如其来的不幸事件，杰克没有悲观，于是便从生死的危急中挺了过来。他的乐观同样感染了医护人员，从而在幽默快乐的氛围中拯救杰克，拯救了他的生命。

　　幸福的来源原本很简单，重要的是你必须抱着积极、乐观的心态去看待，还有是否是抱着简单的心态去处理。一项调查发现，快乐的人绝大多数不仅生活规律、健康意识浓厚，更重要的是，他们正在自觉不自觉地选择一种理智的生活方式，在被人们称之为"新简单主义"的倡导下，人们的幸福感逐渐提升。

　　或许我们长期有着这样的感觉，似乎能够明白"顺其自然地过好每一天"就是幸福的来源。也许，你对幸福也下过一番工夫思考，也有一定的悟性。只是，你没有往下深思下去，为什么你做不到你想象之中的幸福呢？

快乐的人知道如何调节自己的情绪，善于从身边寻找快乐，不会因外界的干扰而扰乱自己的生活。他们不会因"别人的批评，自己会难过"，"看到了分数我们往往一蹶不振"，"朋友对自己倾诉他的烦恼，自己也很难过"。他们也不会因得意而大肆宣扬，而是默默品味。平淡装点了幸福，也点缀了我们普通的生活，让我们快快乐乐充实地过好每一天。

 幸福悟语：

我们一直在找寻幸福，却不知幸福就潜藏于我们平淡的生活里。要做一个幸福的人并不难，因为幸福不需要任何庸俗的东西来装饰，只要你是个有心人。幸福不会因为你钱不多，没有闲暇、闲情而不会到来，你也一定能用心智来创造愉悦和激情的。

既来之则安之，幸福在淡定中持久

幸福是什么？很多人都问过同样一个问题，但回答的声音却有千万种。幸福是什么？我们没有权力选择与生俱来的外貌，但完全可以选择心灵的幸福和快乐，做自己喜欢的事情，这是他人所不能左右的。智慧的人们知道自己生活的目标，他们懂得调整自己，改变自己，既来之则安之，在淡定中得出五彩缤纷、幸福快乐的答案。

没有一个钟表的发条因上得太紧而走得长久；也没有一辆马力加

到极限的车会用得长久；更没有一个心情日夜紧张的人会长期健康。所以，善用钟表的人不会将发条上得太紧；善于驾驶车的人不会将车开得太快；善于获取幸福的人，也不会让心情日夜紧张。我们用一种淡然的生活方式，既来之则安之，幸福也就会恒久。

我们每个人都遇到过压力，各种各样的压力让人窒息。但有的人，能够从压力中发现幸福的源泉。在这个世界上，并不缺乏始终保持心情愉悦的人，他们似乎从未遇到过困难，没有产生过烦恼，像一个无忧无虑的孩子。他们乐观、积极、热情，能够把自己的快乐分享给他人。他们的生活未必就是一帆风顺、万事如意，只不过，他们能够在重压下保持淡定，用一种既来之则安之的处事态度，及时地调整自己，更容易忘记不愉快的事情罢了。

我们不能把幸福的来源建立在别人的行为上面，我们能把握的只有自己。如果你担心的事情不能被你左右，就随它去吧，我们只能考虑力所能及的事情，力所能及则尽力，力不能及则由它去。我们不能把美好一次享用完毕，留点缺陷、遗憾下次再努力。

请看下面一则故事：

一个20出头的年轻小伙子急匆匆地走在路上，对路边的景色与过往行人全然不顾。一个人拦住了他，问："小伙子，你为何行色匆匆啊？"小伙子头也不回，飞快地向前跑着，只泛泛地甩下一句："别拦我，我在寻求幸福。"

转眼20年过去了，小伙子已变成了中年人，他依然在路上疾奔。又一个人拦住了他："喂，伙计，你在忙什么呀？""别拦我，我在寻求幸福。"

又是20年过去了，这个中年人已成了一个面色憔悴、老眼昏花的老头，还在路上挣扎着向前挪。

一个人拦住他："老头子，还在寻找你的幸福吗？""是啊。"当老头回答完别人的问话，猛地惊醒，一行眼泪掉了下来。原来刚才问他问题的那个人，就是幸福之神，他寻找了一辈子，可幸福之神实际上就在他旁边。

这个故事告诉了我们，看似不停地奔忙会找寻到我们追求已久的幸福，但是，奔忙的过程里会让我们错失很多珍贵的东西。文中的小伙从年轻人一直到老年，始终在为幸福奋斗，做出的牺牲过多，会剥夺本应该能享受到的很多快乐，就会走上自我否定的道路，从此过上了一种相当阴郁、毫无希望的生活。生活缺少了淡定，就让你做了一种不明智的选择，你是用实实在在的现在去换取虚无缥缈的未来。而淡定会让你于危机中寻得转机，于平凡中寻得幸福。请看另一则故事：

有一个人在森林中漫游的时候，突然遇见了一只饥饿的老虎，老虎大吼一声就扑了上来。他立刻用生平最大的力气和最快的速度逃开，但是老虎紧追不舍，他一直跑一直跑一直跑，最后被老虎逼到了悬崖边上。站在悬崖边上，他想：与其被老虎捉到，活活被咬、肢解，还不如跳下悬崖，说不定还有一线生机。他纵身跳下悬崖，非常幸运地卡在一棵树上，那是长在断崖边的梅树，树上结满了梅子。正暗自庆幸的时候，他听到断崖深处传来巨大的吼声，往崖底望去，原来有一头凶猛的狮子正抬头看着他，狮子的吼声使他心颤，但转念一想："狮子与老虎是相同的猛兽，被哪个吃掉，都是一样的。"当他一放下心，又听见了一阵声音，仔细一看，一黑一白的两只老鼠，正用力地咬着梅树的树干。他先是一阵惊慌，立刻又放心了，他想："被老鼠咬断树干跌死，总比被狮子咬死好。"

情绪平复下来后，他感到肚子有点饿，看到梅子长得正好，就采了一些吃起来。他觉得一辈子从没吃过那么好吃的梅子，找到一个三角形树杈休息，他想着："既然迟早都要死，不如在死前好好睡上一觉吧！"

他在树上沉沉地睡去了。睡醒之后，他发现黑白老鼠不见了，老虎、狮子也不见了。他顺着树枝，小心翼翼地攀上悬崖，终于脱离险境。

原来就在他睡着的时候，饥饿的老虎按捺不住，终于大吼一声，跳下悬崖。黑白老鼠听到老虎的吼声，惊慌逃走了。跳下悬崖的老虎与崖下的狮子展开激烈的撕斗，双双负伤逃走了。这个人因此就获得了生机。

这个故事再次向我们说明了心态的平和对我们生活的影响。自我们出生那一刻开始，苦难和压力就如饥饿的老虎一直追逐着我们，而不幸就如一头凶猛的狮子，一直在悬崖下头耐心等待，挫折和打击就像黑白老鼠，正不停地用力咬着我们暂时栖身的生活之树，终有一天我们会濒临死亡。既然我们知道了生命的最终结果，唯一的出路就是安然地享用树上甜美的果子，然后安心地睡觉，好好地享受你在世上的每一分每一秒。

既来之则安之，是智者处世的高明之道。我们一旦用好了它，生活也就会变得简单、幸福。如果遇到了不幸，我们就要停止哀叹，聚焦解决之道。与其想着"我怎么那么笨，稀里哗啦把钱赔光了"，不如静下来好好想想："损失既然不可避免，现在我该怎么做，才能让自己更好？"

如果遇到不幸，请你看看那晴朗的天空和那缥缈的白云，这真是美好的一天呀！如果你能调整心态，不幸的事件不但不会给你带来心理危机，反而会成为你了解自己的契机。请在调整脚步和心态之后，兴高采烈地再度启程，精彩地过好自己的幸福人生！

 幸福悟语：

　　不管发生什么事，生活还得继续，该发生的总得发生，让我们无处可逃，唯一的办法只有面对现实！要知道世界不会因我们个人的任何事而改变，我们唯一要做的就是接受现实，改变自己！不接受也得接受！因为我们不能改变世界！只有调整自己的心态让自己从比较乐观的一面去面对一切！当你坦然面对时，就会发现，幸福就在不远处等着我们。

给你的生活，加点乐观的优质作料

　　时时在想，幸福离我有多远？却被自己设置的无数个理由推翻。其实，幸福一直就在我们身边，只是我们没有用乐观的心态去看待。乐观的人创造快乐，而不是等待别人给予快乐，不会成为感情的乞丐。乐观的人始终保持一颗阳光的心，传达给周围的人一种快乐的气氛，让整个世界豁然开朗。

　　乐观的人往往是快乐的，他们也是幸福的。他们总是会用积极的心理因素，将被动局面扭转过来，总会想方设法找寻到属于自己的幸福。而我们平静的生活，加一点优质的作料，你的人生或许会大不一样。

　　有人会因为丢了自己心爱的东西而感到懊恼、遗憾、茫然失措，以为世间之痛莫过如此。为何我们的生活总是有痛苦滋味，却很少有甜蜜的味道？蓦然发现，只是我们欲望的心魔在做怪，蒙蔽了眼睛，左右了自己的思想，占据了原本的自信。带自己进入了欲望的迷宫后冷眼在一旁看着我们痛心疾首、悲凄自怜。古往今来，有多少人陷在迷宫中不能自拔，而后丢失了自我，失去了自信，双手在狂乱地抓着救命草的同时，不觉中却扔掉了幸福。

希望让人重生，乐观就是我们生活中优质的作料。乐观的心态让我们本已停转的大脑开始搜寻幸福的方向，重塑信心，眼中开始闪烁着喜悦的光芒，有了方向便不惧风雨兼程。乐观的心态让迷宫变成了宝库，让自己站到了深渊的彼岸。佛曰：喜也一天，忧也一天。佛之超然，让聪明的人悟道了，用乐观的态度看待生活，就无得失，世间万物仍在你手中。真正属于你的，只要自己不放弃就没人能抢走。乐观的态度让我们明白生活不是倒计时，而是无限的延伸，而且终点亦是绚烂多彩。一旦明白了，你就能发现乐观的生活态度就是通往幸福圣殿的钥匙。

人生的每一天不可能永远都是晴空万里，一个乐观聪明的人懂得如何去寻找快乐和幸福，并放大快乐来驱散愁云。他们明白简单生活就是快乐，他会把简单的事情简单处理，不会为自己和他人设置心灵的障碍，不会因琐碎的小事杂陈心头，他会定期清除心理垃圾。

请看下面一则故事：

一位父亲有一对五六岁大的双胞胎儿子，二人个性南辕北辙，一个乐观、一个悲观，父亲将这两个孩子带去看心理医生，希望能医好他们的毛病。

心理医生将过分悲观的小孩带到一个装满了各式各样玩具的房间，让他尽情玩玩具，希望能使他乐观一点。不久之后，父亲和心理医生打开了房间的门，却看到悲观的小孩虽然满手玩具，仍然是哭红了眼睛。他们问他为什么难过？小男孩回答：我怕有人偷走这些玩具。

心理医生接着把过分乐观的小孩送进一个堆有马粪的房间，希望能帮他调整一些乐观的个性。不久之后，医生和父亲打开房门，以为会看到一个愁容满面的小孩，却看到小男孩坐在马粪堆上，拼命往下挖掘，神情很兴奋。问他为什么这么高兴？小男孩说：有马粪就表示一定有一匹小马，我要找到这匹小马。

这个故事向我们展示了两个不同心态的孩子所折射出的心理，和受其影响的行为。"这里一定有匹小马"，希望借着这个故事来勉励大家，即使人生如粪土，也不要失去信心和乐观的个性。因为，人的一生之中，总会有你喜欢的小马，你不能放弃挖掘或追寻。

生活也一样，需要你去认真调剂。开心地过好自己的每一天，你会发现当走完生命之旅时，你已经将生命的使用权变为了所有权。一念之差，却有天壤之别，让喜悦充满你身体的每个细胞，体会无穷的力量与激情，身心释放着喜悦的气息会影响你的宇宙。既然生命的旅途不能重走，那就把现在当作幸福的起点。乐观地面对一切，享受你手中的拥有。无须盲自怀疑自己的能力，因为乐观会让你变成幸福的载体，更多的美好就自然会被吸引到你的身边。

在一个小山村里，有一对残疾人夫妇，女人双腿瘫痪，男人双目失明。春夏秋冬，播种、管理、收获。一年四季，女人用眼睛观察世界，男人用双腿丈量生活。时光如水，却始终未冲刷掉洋溢在他们脸上的幸福。当有人问他们为什么幸福时，他们异口同声地反问："我们为什么不幸福呢？"男人说："我虽然双目失明，但她的眼睛看得见啊！"女人说："我虽然双腿瘫痪，但他的双腿能走路啊！"

这个故事为我们展示的就是幸福，一种乐观豁达的胸怀，一种左右逢源的人生佳境。我们常常诉说着自己的种种不幸，以为自己是世界上最悲惨的人。殊不知，困难的人大有人在，而面对困难的心态却不尽相同，也会得出不一样的人生。就让我们像那对夫妇一样，拥有这种生活态度，去发觉美，发觉幸福吧！

　　乐观的人会成为人们心中的天使，我们拥有乐观的心态，心灵就犹如有了源头活水，时时滋润灵动的眼睛，用来发现未知的幸福和美。欣赏姹紫嫣红、草长莺飞是幸福，看长河落日、荷败菊谢也是幸福。拥有了这种胸怀，心灵则空明澄澈，超然于名利纷争之外，感到宁静与满足。身居高位，钟鸣鼎食掌印管符，可谓荣华富贵。人在陋室，"可以调素琴，阅金经"，逗虫鱼养花鸟，自怡心性淡泊明志。拥有一份普通的工作，感受生活的平和安逸。

　　发现你未知的幸福，首先要求我们要有乐观的心境。拥有乐观的人生态度是幸福的支柱，而幸福是乐观抵达的目的地，要想自己幸福，首先就要具备乐观的精神。生活是多姿多彩的，关键是看你用什么样的眼光看待它。而只要调整你的视角，你会发现生活原来如此的美好。

 幸福悟语：

　　乐观让人变得多姿多彩、富有生机。乐观主义对于我们就像太阳对植物一样重要，乐观就是我们心中的太阳。我们要懂得利用乐观主义这一心灵的阳光，只有它才能为我们照亮光明的前途，只有乐观的心态才能吸引那些与成功体验相关的思想，乐观成就幸福，让自己活得更有价值！

2.开启紧闭的心门
——用心倾听幸福的声音

　　很多时候我们感到不幸福，是因为我们计较的太多。人们一直关注自己的利害与得失，并以之为衡量幸福的尺码，心门越关越紧，眼界越来越窄，离幸福也就越来越远。殊不知，心门开放迎接阳光，获取大自然一切美妙的声音，时间一久，幸福的声音也会飘然而至。卸下人生的重负，打开心门。当你与你的朋友和家人亲近时，你会从他们那里获取无穷的快乐。发现你未知的幸福，首先需要我们有一个开放的心态，让我们沐浴阳光，倾听幸福。

给生活洒下一片幸福的阳光

有时候，你会觉得自己痛苦极了，感觉自己的世界被阴霾笼罩，怎么也走不出失望的阴影，纵然头顶阳光炽烈，内心依然是一片阴冷，快乐随风而逝，幸福也无踪无影。但是，你为何不让阳光照射进你的内心呢？为何不能突破自己编织的茧去迎接新的朝阳呢？为你的生活洒下一片幸福的阳光，你的人生将别样不同！

有时候，幸福就是一种乐观的态度。幸福很简单，简单得在它来到我们身边的时候，我们根本无从察觉。在寻找幸福的大军里，我们缺少的是标榜"真正幸福含义"的旗帜。幸福是一种感觉，你感觉到了，便是拥有。珍惜全部的拥有，就是最幸福的人。

其实每个人在不同的时期，都会产生程度不同的不自信心理。任何人都无法做到没有一丝缺陷，那些完美主义者、总是追求成功的人更容易产生自卑等负面的情绪。生活产生阴影的原因有很多，有的人喜欢用过高的标准作为自己的目标，结果使自己永远处于达不到要求的失败地位，导致生活被阴影笼罩；有的人很在意别人对自己的评价和看法，对于别人的言辞贬低往往产生心理失衡及不自信；有的人想法复杂，错误地把别人的夸奖当作讥讽，他们感受到的信息很多带有自我否定的倾向性，他们会越发地感到卑微、低下；有的人对于家庭或自己的经济收入、社会地位感到不满，对于生活的盲目攀比也会产生挫败的心理等，这些都让他们缺乏生活的阳光，不能感受幸福带来的快乐。

请看下面一则故事：

祖父用纸给我做过一条长龙。长龙腹腔的空隙仅仅只能容纳几只蝗虫，投放进去，它们都在里面死了，无一幸免！祖父说："它们都在里面死了，无一幸免！这是因为蝗虫性子太躁，除了挣扎，它们没想过用嘴巴去咬破长龙，也不知道一直向前可以从另一端爬出来。因而，尽管它有铁钳般的嘴壳和锯齿一般的大腿，也无济于事。"当祖父把几只同样大小的青虫从龙头放进去，然后关上龙头，奇迹出现了：仅仅几分钟，小青虫们就一一从龙尾爬了出来。

这个故事告诉我们，心态决定着我们的前途，命运一直藏匿在我们的思想里。同样的恶劣环境，如果你积极乐观、充满阳光，就很有可能突破困境，走向辉煌；如果你悲观急躁、意志消沉，就真的只有死路一条了。许多人走不出人生各个不同阶段或大或小的阴影，并非因为他们天生的个人条件比别人要差多少，而是因为他们没有要将阴影纸龙咬破的意识思想，也没有耐心慢慢地找准一个方向，一步步地向前，直到眼前出现新的洞天。他们找不到自己的幸福，也就是缺乏阳光心态，没有将阴影纸龙及时地打破。

人生中，我们会不可避免地遭受无数来自外部的打击，但这些打击究竟会对你产生怎样的影响，最终决定权在你手中。无论何时，你要记住，阴影是条纸龙，只要给生活洒下一片幸福的阳光，幸福天使就会时刻围绕在你的周围。

那么，从现在开始，就给你的生活洒下一片幸福的阳光，让你的生活美好起来！如果你投入了足够的精力在你的生活中，你可能会获得更好的未来，而不必去刻意地努力追求。也就是说，你已经拥有了美好的现在，不必费尽心力，美好的未来就会自然来到。

有一位成功的企业家，他拥有自己的体育用品连锁店，但他内心并不快乐，相反还感到相当的内疚，他认为自己陪伴妻子和孩子的时间不够多。然而一回到家里，他又觉得自己应该多花点时间在事业上。后来在朋友的帮助下，他有了全新的看法，心态更加阳光，那就是：在家全心全意地陪伴家人，在公司完全专注于工作。结果，现在他在工作上的决策品质更高更快速，自己也更有自信；而且在家里他也是一个称职的丈夫和父亲，这一点对他来说很重要。在工作和生活两者之间，他选择了一个中间点，让自己的心态达到了平衡。珍惜现在的生活比一味追求未来更容易让人感到幸福。

这个故事告诉我们，并不是生活本身对你施加压力和影响，而是我们自身没有播下阳光的种子，一旦你决定让你的生活美好起来，那么你就有决心告别阴沉和毫无希望的生活。生活中的人们应该以轻松的态度来对待工作和生活，改变就在一念之间，幸福的到来也是一刹那间的事情。

经常有人这样抱怨，每天总是在单位和家庭之间奔忙，这两点一线的生活乏味而无聊。还有人感到困惑，人活着到底是为了什么？难道只是为了赚钱养家？还是为他人而活？其实，不必给自己的生活笼上阴影，但也不能不认真思索这个问题，生活的意义到底是什么呢？生活看似简单，可要幸福快乐地生活，用心去感悟人生，却很难很难。因为生活远不是衣、食、住、行这四项简单的重复，更深一层的含义还应包括怎样自由地、灵活地运用生活，体味生活，最终享受生活。如果我们能在繁忙的工作之余，充分利用有限的业余时间，做一些自己感兴趣并且有意义的事情，给生活洒下一片幸福的阳光，我们的生活就会别样不同。

 幸福悟语：

人生缘何充满阴影，是因为你看不到希望的曙光。其实，围困你的只不过是一条纸龙罢了，我们要用积极的思维、阳光的心态去勇敢地打破纸龙，阳光才能充溢你的生活，你才能最终跳出阴影，迎接幸福的到来。如果有什么不如意，不必将其看成是长久的阴霾，主动为自己的生活洒下阳光吧，你内心的光明会照耀整个世界！

用感恩的心贴近美满的现实

懂得感恩的人才会感知幸福，而且，感恩的人一般也是幸福的人。让我们学会感恩，释放那沉重的负担；学会感恩，让你的阳光去感染你关爱的人。学会感恩，才能让感恩后的幸福长留心中！感恩获得好心情，感恩让你更快乐！怀着爱心吃菜，远胜过怀着恨吃牛肉。生活在感恩的世界，幸福的阳光溢满生活。

当提到感恩这件事情，我们第一个想到的是谁呢？不论是小时候，还是现在，总有一些人一些事对你产生了很大的影响和帮助，回味起来，幸福就不自觉地在心里升腾。是它们让你了解了外面的世界，让你有勇气为了明天而奋起拼搏，让你明确了未来的目标，知道了自己最想要的东西是什么。不管怎样，这一切都是值得我们用一生去珍藏的，当我们翻开这段充满感恩的心路历程，这些往事就会充斥在你的脑海中久久不愿散去，尽管有些事情已经过去多年，但是至今仍然值得回味，或许那将会成为一生都难忘的记忆。

在生活中计较的多了，其实是一种失去。因为计较的多了，心灵的负担就会加重，失望、生气、悲伤、愤怒等种种不良的情绪就会占据我们的心灵空间，而将快乐挤走，实在是得不偿失。感恩之心是一颗美好的种子！计较的少，也并非就是失去了什么，或许那很可能正是另一种意义上的得到，因为有时候，舍不是弃，弃也不是无，而是一种更宽广的生命的拥有和拾取，"塞翁失马焉知非福？"我们丢掉的也许只不过是一些可有可无的东西，结果却得到了更重要的快乐！

在一个闹饥荒的城市，一个家境殷实而且心地善良的面包师把城里最穷的几十个孩子聚集到一块，然后拿出一个盛有面包的篮子，对他们说："这个篮子里的面包你们一人一个。在上帝带来好光景以前，你们每天都可以来拿一个面包。"

瞬间，这些饥饿的孩子仿佛一窝蜂一样涌了上来，他们围着篮子推来挤去大声叫嚷着，谁都想拿到最大的面包。当他们每人都拿到了面包后，竟然没有一个人向这位好心的面包师说声"谢谢"，就走了。

但是有一个叫依娃的小女孩却例外，她既没有同大家一起吵闹，也没有与其他人争抢。她只是谦让地站在一步以外，等别的孩子都拿到以后，才把剩在篮子里最小的一个面包拿起来。她并没有急于离去，她向面包师表示了感谢，并亲吻了面包师的手之后才向家走去。

第二天，面包师又把盛面包的篮子放到了孩子们的面前，其他孩子依旧如昨日一样疯抢着，羞怯、可怜的依娃只得到一个比头一天还小一半的面包。当她回家以后，妈妈切开面包，许多崭新、发亮的银币掉了出来。

妈妈惊奇地叫道："立即把钱送回去，一定是面包师揉面的时候不小心揉进去的。赶快去，依娃，赶快去！"当依娃把妈妈的话告诉面包师的时候，面包师面露慈爱地说："不，我的孩子，这没有错。是我把银币放进小面包里的，我要奖励你。愿你永远保持现在这样一颗感恩的心。回家去吧，告诉你妈妈这些钱是你的了。"她激动地跑回了家，告诉了妈妈这个令人兴奋的消息，这是她的感恩之心得到的回报。

这个故事告诉我们，感恩会让你得到更大的回报。怀有一颗感恩的心，能帮助你在逆境中寻求希望，在悲观中寻求快乐。

感恩是一种处世哲学，也是生活中的大智慧。一个智慧的人，不应该为自己没有的斤斤计较，也不应该一味索取和使自己的私欲膨胀。学会感恩，为自己已有的而感恩，感谢生活给你的赠予。这样你才会有一个积极的人生观，总能健康的心态。

每天怀有感恩的心说"谢谢"，不仅仅是使自己有积极的想法，也使别人感到快乐。在别人需要帮助时，伸出援助之手；而当别人帮助自己时，以真诚的微笑表达感谢；当你悲伤时，有人会抽出时间来安慰你等等，这些小小的细节彰显的都是一颗感恩的心。

一个美国青年开着自己新买的高档汽车在街上行进时，他很小心，因为他怕周围有什么意外会弄脏他的车，他一路按响着喇叭生怕撞着别人，一路都很稳当，但出乎意料的，当他拐过一个弯时，只听到车门猛地响了一下，他迅速地反应过来，急刹车很快停住了，然而当他走出车门时却发现没有什么别的东西被他的车损坏，倒是自己车门留下了一个深痕，旁边站着个蓬头小孩，他有些恼了，但小孩很快赶过来解释道："叔叔，对不起，我想我不砸坏你的车，引起你的注意，我将永远地失去从轮椅上滑下来倒在地上的哥哥，我一个人实在挪不动他。"年轻人听了，怒气一下子压下去了，他没有去责怪孩子，也没有再管自己的车门，因为他知道孩子提醒了自己，为了某些东西应该勇敢无悔地去做，不管结果如何。他应该去感谢小孩，他也相信小孩也一定会感谢自己。

这是个充满人情味的故事，为我们展示了一个充满爱心的弟弟为救坐轮椅的哥哥的感人事件。车主为弟弟的行为所感动，可以说，经历过这件事后，兄弟俩和车主都是很幸福的。故事里的车主在收获一种幸福，很多时候感激别人会让你的心灵得到释放，让你在感恩之后获得宽慰与幸福。

我们因受到的恩惠太多而幸福，因此，我们的心是背着恩泽的债务在跳，我们的生命是父母给的，我们的健康成长倾注了太多人的心血，我们的不争气曾令多少人伤痛，我们的失败曾令多少人跟着一起懊丧，有多少人在我们成长的路上给了我们支持与鼓励，感恩会让你更幸福！

 幸福悟语：

感恩就像是幸福的天使，感恩的心境一旦打开，幸福就会飘然而至。感恩像一杯香茗，品完后才知道回味无穷；感恩像一把雨伞，撑开后才知道无风无雨；感恩像一架钢琴，弹起来才知道清音绝美。就让我们抱着感恩的心，去走进生活，你会发现，现实开始美满，人生开始蓬勃，幸福也在走近你。

信心是幸福乐谱里的必备音符

如果一个人在内心里不认可自我，那么他走向幸福就显得十分艰难。缺乏自信心的人，就难以肯定自我，也难以给对方留下美好的第一印象，工作开展也不会有大成就。有研究表明，一个人的幸福与否，主要取决于这个人的心态。在我们的日常生活中，所进行的各种各样的活动及行为，都受着自信心的影响及支配！自信心，是架起幸福的桥梁，同样也是幸福乐谱里的必备音符。

将幸福者与不幸福者作比较发现，最大的差别就是：不幸福者往往缺乏足够的自信，常以消极的方式思考问题；而幸福者则往往充满自信、信心满满地对待周围的人和事，他们相信自己的能力，相信自己并不比别人差，敢于挑战及面对客观事实，通常以积极主动的方式去思考问题。随着时间流逝，不幸福者抛弃信心，生活过的一团糟；而幸福者有着信心的伴随一路高唱凯歌，迎接美好的生活。

信心是我们幸福乐谱里的必备音符，没有它就很难让我们的生活充满美妙的乐章。不幸福的人往往错失很多良机，只是由于不够自信的原因，而只能眼睁睁看着机会溜走，实在是让人扼腕叹息。尽管周围环境会对自己产生很大影响，但人们的不同境况并不能一味地指责周围环境。归根结底，怎样开始自己的成功之路，怎样选择自己的人生，是由我们是否选择信心来决定的！

有这样一个"心灵之花"的故事，它发生在加拿大的一个小镇，镇上有一个从小失去父亲的女孩，她与母亲相依为命，过着贫寒的日子，她甚至从来没有穿过漂亮的衣服，更别提戴首饰了。她很自卑，觉得自己长得难看、寒酸，走路时习惯性的总低着头，害怕别人的眼光，她一直暗恋一个男孩，却觉得那个男孩永远不可能注意她，自己是那么普通平凡，任何一人都比自己漂亮。

在她过 17 岁生日那天，妈妈破天荒给了她 20 块钱，让她去买点自己喜欢的东西，她很兴奋，一时想不起该买什么好，最后，她紧紧握着钱，来到商店，一狠心买下了那朵她渴望已久的漂亮的头花，售货员帮她戴在头上，对她说："看呐，你戴上这花多么漂亮，像天仙一般。"她望着镜中戴着头花的自己，顿时神采飞扬，她说了一声"谢谢"，就转身兴冲冲地往外跑，不料在商店门口她隐约感觉撞到了一位老先生，可是她已经顾不上这些，飘飘然来到街上，她觉得街上所有人都在看她，好像都在议论"瞧，那个女孩真是太美了，怎么从来不知道这镇上还有位这么美丽的姑娘"。

她一直暗恋的男孩迎面走了过来，奇迹发生了，那个男孩竟然邀请她去参加舞会。女孩兴奋极了，她想干脆用剩下的钱再给自己买点东西吧，于是她又往商店走去，被她撞到的老先生拦住了她，说道："姑娘，我就知道你会回来的，看，你刚撞掉了头上的花，我一直等着你回来取。"

是啊，漂亮的头花能够提升我们的自信，而自信的心灵之花一旦绽放，我们拥有的将是满园的幸福花香。不难看出，拥有自信的女孩实现了自己的愿望，我们相信，从此之后她也会告别沮丧、信心满满地开始自己的人生之旅。

无论你经历过什么样的波折，心境有多沮丧，请不要气馁。其实，自信从来未曾离开过我们，只是被我们遗忘在了某个角落，等待你去唤醒它。让我们从点滴做起，重新找回自信的那个你。做回自信的自我，告诉自己，我是最棒的！那么，幸福就会很快回到你身边。

请看下面一则故事：

从前有一户人家的菜园横亘着一块大石头，宽度大约有 40 厘米，高度有 10 厘米。到菜园的人，稍不小心就会踢到那块大石头，不是跌倒就是擦伤。儿子问："爸爸，那块讨厌的石头，为什么不把它挖走？"爸爸这么回答："你说那块石头吧？从你爷爷时代，就一直放到现在了，它的体积那么大，不知道要挖到什么时候，没事无聊挖石头，不如走路小心一点，还可以训练你的反应能力。"

过了几年，这块大石头一直留在那里，当年的儿子娶了媳妇，当了爸爸。有一天儿子气愤地说："爸爸，菜园那块大石头，我越看越不顺眼，改天请人搬走好了。"爸爸回答说："算了吧！那块大石头很重的，可以搬走的话在我小时候就搬走了，哪会让它留到现在啊？"儿子心里非常不是滋味，那块大石头不知道让他跌倒多少次了。

有一天早上，儿子带着锄头和一桶水，将整桶水倒在大石头的四周。十几分钟以后，儿子用锄头把大石头四周的泥土搅松。儿子早有心理准备，可能要挖一天吧，谁都没想到几分钟就把石头挖起来，看看大小，这块石头没有想象的那么大，都是被那个巨大的外表蒙骗了。

这个故事告诉我们，要勇于搬开心中的顽石，用信心去创造属于自己的幸福生活。那些阻碍我们去发现、去创造幸福的，仅仅是我们心理上的障碍和思想中的顽石。如果你抱着下坡的想法去爬山，便无从爬上山去。你抱着找不到幸福渊源的想法，那也就发现不了未知的幸福。如果你的世界沉闷而无望，那是因为你自己沉闷无望。发掘幸福，首先要改变你的世界，也必先改变你自己的心态。

在现实生活中，我们要想真正做好某件事，就一定要有一个坚定的信心，否则将一事无成，更会挫伤我们的幸福感。一个人如无自信心，何谈健康成长，幸福地生活！

自信会让我们更加容易地辨别事物的发展规律，积极调整自己。当信心高涨，心境就会宽广；心境宽广了，运气就会好；运气好了，周围的人就跟着好，你的世界就会一路阳光一路歌，感受快乐，拥抱幸福。

人无自信心，不仅会错失幸福，也将一事无成，人若有自信心，事事皆成功。在我们当今丰富多彩的生活中树立了自信心，就能为我们发现未知的幸福打下坚实的根基。

 幸福悟语：

要成为幸福的人，就要做回自信的自我。不论遭遇何种情境，都要认识自我，相信自己是自己人生的主宰，在心灵中不断暗示自己："我是最棒的！"当自己的自信之花在心中慢慢盛开，当自己可以挺起胸膛昂首阔步在自己的人生旅途中，当自己靠着这份自信成就了属于自己的事业，一切的困难都不再是困难，曾经的担心变成了现在的动力，这一切的一切都在证实着一点，那就是"无论什么时候，都不要忽略了自信的力量"。

有时候缺憾也是一道亮丽的风景

有时候，幸福并不显现，而一旦产生缺憾，幸福反倒会降临到我们周围。千万不要以为完美就是幸福，追求完美的过程也会让你失去幸福。也不要认为缺憾就是痛苦，有时候，缺憾也是一道亮丽的风景。让我们正视缺憾吧，从那些不完美中找寻有价值、有意义的事物，你会因缺憾而倍感幸福。

当我们在观赏爱神维纳斯的雕塑时，她那裸露的躯体、残缺的断臂给予我们深深的震撼，人们感叹的并不是她美中不足的缺憾。据说维纳斯出土时，因为缺少手臂，当时的著名雕塑家们，曾做过重新塑造手臂的尝试。研究过很多个方案后，人们一致认为，缺少手臂的维纳斯，比起有各种手臂的维纳斯更美丽，她身上的缺憾引发了人们无尽的遐想……

一个小木轮，忽然有一天发现自己身上少了一块木片，为了弥补这一缺憾，它决定去寻找一块和自己丢失的一模一样的木片。

于是，它开始了长途跋涉，但由于缺了一块，不够圆，所以走得非常慢。这时正值春暖花开的季节，路边的风景非常美，五颜六色的花点缀在绿色的田野里，空中还有鸟儿在歌唱。小木轮边走边欣赏风景，不知道就这样走了多久，它终于发现了一块和自己的缺口一样的木片，它高兴地将其装在身上，这下完美了，它想。

然后，小木轮重新出发了，没有了缺憾的它自然走的飞快，它开始为自己的完美欢呼。可是，没过多久，它就泄劲了，因为它再也没有时间和机会欣赏路边的野花，聆听小鸟的歌唱了，单调的赶路让它感觉枯燥和乏味。于是，经过再三思量，它还是将木片卸了下来，带着缺憾慢慢上路，快乐的心情又重新回来了。

没有缺憾就不会让我们认真地体味幸福，也正因为有了缺憾，我们的幸福才会显得十分珍贵。起先，小木轮的不幸福在于不完美，在追求完美的过程中，缺憾让它放慢了脚步，欣赏到了美妙的风景。而一旦完美达成，它的脚步便停不下来，幸福像过路风景，一闪而过。一旦回到原来的缺憾状态，幸福就又回来了。

让我们再看看下面这则故事：

一位住在弗吉尼亚州的农场主当初买下一块地的时候不被任何人看好，因为这块地实在是太差了，既不能种水果，也不能养猪，只能生长白杨树和响尾蛇。别人都认为这块地一文不值，但是这位农夫想了个点子，把缺憾变成了资产。

他的做法让人很吃惊，他开始做起了响尾蛇的生意。他把从响尾蛇口里取出来的毒液送到各大药厂制造蛇毒血清，把响尾蛇肉做的罐头销售到世界各地，把响尾蛇皮以很高的价钱卖出去，用来做女人的皮鞋和皮包。总之，他的农场既没有种水果，也没有养猪，只是饲养响尾蛇，而他的生意却是越做越大，每年来这里参观他的响尾蛇农场的游客就有好几万人。

现在这位农场主所在的村子已改名为弗州响尾蛇村。

在聪明的商人眼中，缺憾不是危机，而是命运的转折点，是财运的契机。在这个故事中，农场主没有被贫瘠的土地所吓倒，也没有因此而郁郁寡欢不幸福，而是积极探索，将充满缺憾的土地重新审视，最终将最大的效益发挥了出来，不能不说，缺憾是一道亮丽的风景。

我们的人生不就如同这"缺憾的风景"一般吗?! 看似完美却又莫名地多了份遗憾。没有任何人的一生旅途是平坦的，也没有一人能够完完全全地掌握它；有时它就如一条无形的绳子，牵引着你；有时却像一辆列车，不时地停停走走，快得让你措手不及。

要培养能给你带来平安和快乐的心态，我们就要学会正确地看待"缺憾"。当命运给我们一个柠檬的时候，我们要试着把它做成一杯柠檬汁，并且对它心怀感恩。因为如果没有柠檬，又哪里会有柠檬汁呢?

 幸福悟语：

对于大多数人来说，幸福并不会与生俱来。既然如此，我们就要坦然面对现实，生活里总会有很多的缺憾，也要努力地化不利为有利，上帝给了我们柠檬，就要想办法将其榨成柠檬汁，幸福的创造如此简单。发现你未知的幸福也一样，我们不奢求十全十美，但也要从缺憾中找寻到幸福的一面，这足以慰藉我们的心灵。

过分比较，只会给自己带来更多的痛苦

常说，没有比较就不知道差距，比较会激起我们昂扬的斗志，但同时也能让我们产生严重的挫败感。因为，不是所有的事情经过努力都能如愿，过分比较，只能让自己负累重重、身心疲惫。一个人要想过得幸福，不能只想着跟别人比，也要跟自己比，只要今天比昨天有所进步，那么，你就很幸福！

一个人的价值在于他为了完成上天给予的使命而存在的，而不是通过与他人的比较得出的。因此，别人的炫耀自大，并不构成自己伤心的理由；我只要做好我自己，"择善而固执之"就好了。

一直以为自己还算是知足常乐的。"比上不足，比下有余"挂在嘴边，每天像度假一样去开心工作，在安顿好日常生活以外，个人业余爱好多多，除了读书、唱歌，最近又迷上游泳和古琴，总体而言，无论是物质还是精神，好像还算是一个幸福的人。

不经意中，自己发现常在暗暗的比较中，得到的不是幸福，而是一点点焦虑，一点点自怨自艾。常常觉得自己与别人在出发时起点差不多，而今却一个云里，一个泥里。一个幸福的人，一个自诩为幸福学的爱好者和研究者时常也不免低落起来，只好高呼一句：那又怎么样呢。

其实，"比较幸福"的境界还只能算是中等。真正的幸福不是来自外界，与人比较后产生的良好感觉。而是对自己拥有的真正赞美，有一位智者说：赞赏生命中已经拥有的美好事物，就是所有丰盛的基础。

在此种丰盛的愉悦中，"越单纯越幸福，心像开满花的树"，幸福会从内心汩汩而出，就像作家蒋勋新书《生活十讲》里讲：西方的工业革命比我们早，他们已经过了那个比较、欲求的阶段，反而回来很安分地做自己。巴黎街角冰淇淋店卖没有牛奶的冰淇淋，几十年来店门前总是大排长龙。但他永远不会想多开几家分店。他好像有一种够了的哲学：我就是做这个事情，很开心，每一个吃到我冰淇淋的人也都很快乐，所以，足够了。

很多人也希望能够学到这幸福之海的一滴：不羡慕，不嫉妒，满心愉悦沉醉在自己追求的精神世界，安分做自己，亦懂得欣赏别人的美好，才是真正的圆满。

请看下面一则故事：

那年秋天的一天上午，父亲将正要去河边钓鱼的爱因斯坦拦住，并给他讲了一个故事，正是这个故事改变了爱因斯坦的一生。故事是这样的：

"昨天，"爱因斯坦的父亲说，"我和咱们的邻居杰克大叔清扫南边工厂的一个大烟囱。那烟囱只有踩着里边的钢筋踏梯才能上去。你杰克大叔在前面，我在后面。我们抓着扶手，一阶一阶地终于爬上去了。下来时，你杰克大叔依旧走在前面，我还是跟在他的后面。后来，钻出烟囱，我发现一个奇怪的事情：你杰克大叔的后背、脸上全都被烟囱里的烟灰蹭黑了，而我身上竟连一点烟灰也没有。"爱因斯坦的父亲继续微笑着说，"我看见你杰克大叔的模样，心想我肯定和他一样，脸脏得像个小丑，于是我就到附近的小河里去洗了又洗。而你杰克大叔呢，他看见我钻出烟囱时干干净净的，就以为他也和我一样干净呢，于是就只草草洗了洗手就大模大样上街了。结果，街上的人都笑痛了肚子，还以为你杰克大叔是个疯子呢。"

爱因斯坦听罢，忍不住和父亲一起大笑起来。父亲笑完了，郑重地对他说，"其实，别人谁也不能做你的镜子，只有自己才是自己的镜子。拿别人做镜子，白痴或许会把自己照成天才的。"

爱因斯坦听了，顿时满脸愧色。爱因斯坦从此离开了那群顽皮的孩子们。他时时用自己做镜子来审视和映照自己，终于映照出生命中的熠熠光辉。

这个故事告诉我们，过分比较会让自己迷失，你的幸福也会随之被比下去。盲目地与别人相比较，以为自己比身边的人聪明就满足了，或者觉得自己不如别人就沮丧了。这多么愚蠢啊！每一个人都有其不同的人生目标和生活方式，自己才是自己在这个世界上最可靠的人生向导。

俗话说：人比人气死人，过分比较实在是找气生。生活中，别人过别人的，我们过我们的。争上游，寻幸福，看别人如何拼搏和奋斗，可看可仿可比只能是激励着我们那向上的心，先苦后甜，幸福到来的时候我们也会很欣慰。

幸福不要过分比较。很多人在结婚后，越来越感到婚姻渐似一潭死水，就像那困在水里的游鱼，奄奄一息；羡慕地仰望着别人的湖水，总觉得是那么清澈，那么让人愉快，常常为此而苦闷。

不幸福者源于比较而来。他们喋喋不休地抱怨，没完没了地叹息。过一般日子的人，却憧憬富人的香车豪宅；嫁给有钱人的，却说向往平常人的凡俗幸福；天天见面，却嫌没有独立空间；两地相守，说一个人的日子太难……人人都有不幸福的理由，无限度地放大自己的缺点，毫无意义地和别人的优点比较，结果，痛苦常常不离不弃，幸福却无影无踪。

孟德斯鸠说过："假如一个人只是希望幸福，这很容易达到，然而我们总是希望比别人幸福，这就是困难所在，因为我们总是相信别人比自己幸福。"

幸福只是一种感觉，一种源自内心深处的平和和协调。幸福与否，都是自己的，何必与别人比呢？多想想对方的好，相信自己是幸福的，你就会发现，原来，幸福离我们很近很近。

幸福悟语：

人们容易在比较中迷失自我，因此，发现你未知的幸福，首先就不要对自己太过苛求，不因和别人的盲目比较而产生心理失衡，挫伤你的幸福感。我们要学习爱因斯坦，时刻用自己做镜子来审视和映照自己，才能获得长足的进步，你的幸福感也会大大提升！少一点比较，你的幸福就会更多。

开卷有益，让书成为你的好朋友

书是人类的朋友，它是文化的沉淀和文化传递的使者，假如这个世界没有了书的存在，那么整个世界都将因此而失去多半的光彩。闲的时候，打开它品味书香。急的时候，打开它临阵磨枪。总而言之，发现我们未知的幸福，书是必不可少的。它应该成为你如影随形的好伴侣，如果你愿意，它就会为你打开一扇崭新的窗，让你看到外面别样的风景，拥有自己一直向往的精彩人生。

人类自从与书结缘，其精神上的幸福便得到了升华。与书为伴，幸福会弥漫我们的身心。书籍帮助一代又一代的人走向了自己成功，完善了自我的修养和素质。如今，人们越发意识到了文字的力量，尽管那只不过是一本书，但却能够给人带来不一样的熏陶和享受，甚至它字里行间表达的思想可以带给我们更深一步的启迪，甚至改变我们的命运。开卷有益，我们可以从书中体味到无穷的幸福！

幸福与书为伴，人们用读书抚慰自己的心灵，用读书寻找快乐。也许你正在因为找不到出路而迷茫，也许你正因为思想受到局限而困惑，也许你不知道自己应当如何经营自己的生活，久而久之，我们带着各种各样的问题生存在这个世界上，一直期待着有一天能够找到属于自己的答案。与其苦苦等待，不如现在翻开一本自己感兴趣的书吧。也许你并不带着什么目的性，却会收到一份意外的惊喜。也许你只是无意中将它买下，却忽然在消遣中改变了人生。书就是这么神奇，你不知道把它翻到哪一页自己就会产生顿悟的感觉，这种感觉让你清醒，让你快乐，让你从此不再一蹶不振，而是满怀憧憬地向着自己的目标努力前行。

有一句话叫作"天下才子必读书"，在研究成功人士的事迹时，我们常常发现：他们的成功一直可以追溯到他们拿起书籍的那一天。在我们接触过的事业成功人士之中，大多数人都酷爱读书——自小学开始，经由中学、大学，以至于成年之后。

一项针对人们幸福感的调查发现，幸福与否最大的区别就是幸福者喜欢读书。大约有75%的幸福者在小学和中学时读过的书，是其他人无论如何也赶不上的。60%左右的幸福者在大学时的阅读量远远超过他们同班的人。

虽然有很多幸福的人都列出了不同的爱好及家庭的活动作为他们最喜爱的休闲娱乐，但是阅读仍是最流行的一种消遣方式。这并没有什么可让人惊讶的，因为成功与阅读之间具有互补的作用，幸福者可以从阅读中获得成功的方法，进而提高他们自身的素质，辅助他们达到了事业的成功。

一家百货公司的前任董事长赛伯特在其所著的《道德的经理人》一书中曾说："我无法告诉你，若想事业成功，需要阅读些什么书的准则，但我可提供一些指南，或许有助于你对成功的想象。首先，让我们考虑你每天须花多少时间阅读。在工作中不得不去阅读的，无非是商业书信或工作所须阅读的报纸、杂志、书等。我每天花上数小时在'课外'读物上。假如我搭乘火车或飞机旅行的话，通常会阅读时刻表及各个站名之类的资料；当我出门度假时，每天也会花二至三小时在一般性的阅读上……看书的重点是看阅读的东西是否有意义，如果是，千万不要舍不得在这上面花时间。我们绝不能低估书籍的价值"。

不要低估书籍的价值，好书能给我们带来机会、带来幸福。书籍不仅是我们事业成功的伙伴，还是我们心灵幸福的伴侣，想要拥有幸福，就尝试着开始阅读吧。阅读会带你进入一个独特的世界。

请看下面一则故事：

《韩诗外传》载：春秋时鲁国有个名叫闵子骞的人，去拜孔子为师。开始时，他面容憔悴苍白，过了一段时间，脸上变得红润起来，孔子偶然注意到了这个变化。他很奇怪，莫非是徒弟吃了什么大补丸。闵子骞说：饮食上我基本没有什么变化，由于以前生活在乡间，跟从老师学习做人治国的道理，心情舒畅，但看到达官贵人四体不勤、五谷不分，出门有华丽的车，每天吃的是山珍海味，又很美慕。这两种心情使我很矛盾，因此坐卧不安，睡不好吃不香，因而形容枯槁。现在，受老师的教诲，精读做人治国之书，懂得的道理日渐增多，能明辨是非，那些乱七八糟的东西再也不能打动我的心了，因而心平气和，脸色也就红润起来了。

整个故事里，闵子骞因读书而倍感幸福，再也不自卑，面色也红润起来。这是因为当一个人专注于读书，长久之后，耳濡目染，具备知识与能力，就会由"心"到形，幸福感逐步发生某种由内而外的改变：眼光更加有神，面庞更加柔和，举止更为高雅……所以我们能在大庭广众之中，大致从一个人的行为处世，区别出某人是否幸福。

　　一个人要想提升气质，产生由内而外的幸福感，并将自己打扮得漂亮，打扮得可爱，就去读书吧，这是世界上一流的美容术。即使长得很丑的人，只要常读书，读好书，即可补先天之不足，丑也能变美。再说了，长得丑不要紧，如果有了美的心灵，必然会产生美的气质，就能"一白遮百丑"，正如托尔斯泰所言："人并不是因为美丽才可爱，而是因为可爱才美丽。"

　　阅读升华我们的幸福，同时也是一种美丽的行为。通过读书，天上人间，尽收眼底；五湖四海，皆在脚下；古今中外，了然于胸。通过读书，我们懂得了世间的真、善、美，和那些假、恶、丑；通过读书，让我们丰富了自己、升华了自己、突破了自己、完善了自己。

　　阅读是一种幸福的享受。经常阅读一些优美感人的文章，可以把我们引进一个轻松愉快的美丽意境，让我们产生一种忘却一切纷扰的感觉，从而心旷神怡，心情舒畅，神情开朗，倍感幸福。

　　寒夜孤灯，捧书卷，闻墨香，那感觉如同盛夏里吸吮冰凉的饮料，甜滋滋、凉冰冰。读书的感觉，只有爱读书的人才会拥有；读书的快乐，在求知的过程中才能感受到。读书，让你品味人生的酸甜苦辣，品味生活中的各色景观。人是需要读一些书的，许多人在生活中迷失了方向，通过读书可以把自己从物欲名利中解脱出来，塑造美好的生活观念。

　　古今中外名人对读书都给予极精彩的赞许，唐代诗人皮日休赞美读书的好处："唯书有色，艳于西子；唯文有华，秀于百卉。"英国莎士比亚谈道："书籍是全世界的营养品。生活里没有书籍，就好像没有阳光；智慧里没有书籍，就好像鸟儿没有翅膀。"当代作家贾平凹说得更为精彩："能识天地之大，能晓人生之难，有自知之明，有预料之先，不为苦而悲，不受宠而欢，寂寞时不寂寞，孤单时不孤单，所以绝权欲，弃浮华，潇洒达观，于嚣烦尘世而自尊自强、自立不畏、不俗不谄。"

总而言之，追求幸福的人们，现在就捧起你手里的书吧。它代表着一种品位、一种内涵。也囊括着古今中外所有成功者和幸福者的思想和经验。如果你真能够感觉到它的力量，就应该好好把握和选择自己身边的每一本书。它应该成为你最好的朋友，在无声无息中，发现你许多未知的幸福。

 幸福悟语：

读书可以静心，也许你可以花上一个星期看完一本书，然后再用3个小时的时间利用书中的感悟扭转自己的人生。这是许多身心幸福的人常用的办法。追寻幸福，书应该成为你最好的朋友，它是你忠实的倾听者，真挚的建议者，温馨的宽慰者，友善的引导者。有了它的地方你就不会乏味，有了它的地方你就会有力量，这就是书的魅力，如果你愿意它将带你走进知识的海洋，让你体味到什么是绚烂，什么才是最精彩的别样人生，去体味难得的精神之旅。

人生何苦奢求太多，给自己一份知足的快乐

人常说，知足者常乐，但世间还是有很多人觉得自己不幸福。有句歌词写得好，"等待着别人给幸福的人往往过的都不怎么幸福"，幸福不是别人赐予的，没有人担负这个义务去给你幸福，幸福要靠自己去创造和发现，这样的幸福才会长久。把心态放正，不要去计较得失，以一颗平常心去面对生活，相信你很快就会得到幸福的。

在生活中，我们总以为拥有的东西越多，自己就会越快乐。我们所要追寻的幸福，就好比一只蝴蝶，你越是费尽心思地去捉捕，它越是飘忽上下，但当我们放平心态、不再奢望，专注于自己本分的工作时，它却自己飞了过来，落脚在我们的肩膀上。也许，这就是告诫我们，知足才会幸福。

心态如阳光，无论遇到什么事，都争取其光明的一面，那么快乐总会多一点，而"欲望孳生贪欲，快乐源自平和的心地"。追求更多的物质通常总是刺激更甚的欲望，它带来的快乐是短暂的，只有当内心洋溢着快乐知足时，快乐才会持久。

请看下面一则故事：

话说张果老成仙以后，每日在民间寻访度化。一天，他走到一个村口，看见一对年老的夫妇在摆摊卖水。于是他就走上前去，借买水之名跟老夫妇搭话。

他问他们日子过得怎么样，老夫妇都说很贫困。他又问有什么愿

望啊，老夫妇说要是能开个酒店卖酒日子就好过了。张果老就告诉他们说，在你们村旁的山顶上有一块形状非常像猴儿的石头。石头旁边有三个泉眼。现在三个泉眼都被灰尘堵上了。你们明天去山上把灰尘都清理出来，泉眼就会自动流出有酒味的水来。又给他们一个葫芦，说每天把这个葫芦装满就可以了。

第二天天还没亮，老夫妇俩就爬上山去。找到了张果老说的那块石头，打扫净了泉眼，看见果然有水流出来。舀一点尝尝果然有酒味。老夫妇两个大喜，装了一葫芦就回去卖了，恰好能卖一天。

他们两个就这样天天上山装酒回来卖。日子过得渐渐好起来。

不知不觉一年过去了。张果老又来到这个地方。他问老夫妇现在日子过得怎么样啊，老夫妇说："嗯，自从听了你的话找到酒后，日子还颇过得。就是没有酒糟，不能喂猪，不然就更好了。"张果老听后，摇头叹息，念出一绝："天高不算高，人心比天高。清水当酒卖，还嫌没有糟。"念罢飘然去了。

从此以后，山上的泉眼就枯涸了，再也没有水酒涌出来了。

"天高不算高，人心比天高。清水当酒卖，还嫌没有糟。"通俗的话语透出滑稽的味道。贪心不足的老夫妇尽管收获了很多，但却更加缺失幸福。讽刺的意味很强，直通每个人的内心最深处。

上述故事与《渔夫与金鱼的故事》类似，人们通过故事用积极进取来互相激励，又用知足常乐来自我反省和相互劝慰。这一对互相矛盾的范畴是永恒存在的。只是不同国家的人用不同的语言来表达，而不同阶层的人又是用不同的方式来交流，但旨在探知幸福的根源却是共通的。

从社会发展的进程来看，不满是向上的车轮，而知足则是一种理性的达观与开拓，是对自己过去努力的肯定，是种良好状态的反映。

我们所指的知足，主要是指在金钱、物质生活方面，而在学习、知识、能力、事业、学问等方面，又另当别论。借用苏格拉底的一句话："当我们为奢侈的生活而疲于奔波的时候，幸福的生活已经离我们越来越远了。做人要知足，做事要知不足，做学问要不知足。"

发现你未知的幸福，就要从知足开始。幸福不仅是满足一定的生活需求，更是一种人生感悟、一种心理感受、一种主观感觉。随着社会经济的发展、物质财富的丰富，非物质因素对幸福的影响越来越大。当代人扪心自问自身的幸福感大多都很欠缺。所以，在幸福的追求上，就要及时转变思想，改变观念，多从心态、情感、健康等方面去寻找。若是一味在赚取财富上动脑子、费心机，那么财富就如同药物一般，任何的误用或贪多，都可能给你的人生造成悲剧后果。

从历史上来看，古人的"布衣桑饭，可乐终身"给我们树立了许多知足常乐的典范。诸葛亮的"宁静致远，淡泊明志"，蕴含着知足常乐的清高雅洁；陶渊明的"采菊东篱下，悠然见南山"，尽显知足常乐的悠然；沈复的"老天待我至为厚矣"，表达着知足常乐的真情实感。

人们在总结幸福的时候，归纳了很多精辟的语句，比如说："一个人之所以幸福，不是因为他拥有得多，而是因为他计较得少。"还有人说："少看自己没有的，多看自己拥有的，少比上，多比下，自然就会感到幸福和快乐。"这些智者之语，反映出一种知足常乐的豁达胸怀，知足将把我们带入幸福的天堂。

 幸福悟语：

知足将使我们拥有多彩的人生，一味奢求会让幸福渐渐流失。我们保持心态的平和，就会溢满幸福感。不奢求大富大贵，只要平安健康；不奢求有权有势，只要安居乐业；不奢求锦衣玉食，只要粗茶淡饭。在发现未知幸福的路上，得到了是因为没苛求，失去了也不必太在乎。总而言之，得到是福，舍得是福，知足的幸福最完美。

追忆快乐心境，明天怎能承载太多忧虑

当我们放下忧虑，才能迎来快乐。生活并非一帆风顺，学业无成、恋爱失意、家庭变故、事业挫折、经济拮据、人际是非以及命运乖戾等，这些都会给人们带来烦恼、苦闷、忧虑和沮丧。追忆我们快乐的心境，呵护你的心灵，减轻你的精神压力，构筑我们美好的心灵乐园。愁也一生，乐也一生；快乐生活，快乐人生，真正的快乐天堂，就在你自己的心中！

一位名人说得好："别把生命看得太严肃，反正你不可能活着离开。"假如我们敢于迎接一切厄运，用坦然的心境承受一切苦难，即使没有鲜花，没有掌声，幸福和快乐照样盈满心间。现代生活的节奏加快，竞争激烈，使人更加紧张烦躁，以至于很多人感叹身心疲惫，幸福不再。其实，人们患得患失心理对他的生活不无影响，很多人在没有得到的时候，担心得不到，得到了又害怕会失去，他们的忧虑太多太繁杂，非常痛苦。其实，我们完全可以淡泊一些，抛开那些不必要的忧虑，营造时时刻刻属于自己的快乐心境，因为明

天承载不了太多的忧虑，我们就没有必要设置一个囚笼将自己的心囚禁于其中了。

《列子·天瑞》里有这样一则寓言：一个杞国人，不畏惧天寒地冻，只担心天塌下来，他没有地方躲藏。为了这件事，他吃不下饭，睡不好觉，整天苦思冥想，以求一旦天真的塌下来好有个安身的地方。后来有人告诉他，天空是由大气组成的，绝对不会塌下来，即使天真的塌下来，对人也不会有什么伤害，你放心好了。杞人听了别人这样的解释，这才放宽了心，吃饭睡觉也安心多了。

这个故事就是说庸人自扰的道理，我们在很多时候就是被不存在的或者无足轻重的压力缠身，使得患有亚健康，茶饭不思、心神不宁，而一旦放宽了心，幸福也就找寻回来了。

现实生活里，不幸福的人们的忧虑来自于太重的名利心，心胸过于狭隘，他们由于过分害怕失败，于是就忧心忡忡，心头像压着一块沉重的铅块，使人感到窒息，感到束手无策。这些人由于忧虑失败，常常把困难估计太高，做事之前先把自己打败了，他们常常畏首畏尾，一旦感到生命无助时，这些人便心灰意冷，甚至于自暴自弃，以至于幸福也会离他而去。

有句诗歌写得好"你无法左右天气，却可以改变心情！你无法影响他人，却可以充实自己！你无法预知明天，却可以善待今天！你无法改变生命长度，却可以拓展它的宽度！"换个思考角度，也许你的命运就大不一样。

我们要迎接幸福，拓展生命的宽度，失败固然是一件可怕的事情，世上也没有永远的成功者，唯有从失败中爬起来，才有战胜失败取得成功的可能。生活中，我们一旦经历了失败，应当迅速从愤怒和沮丧中清醒过来，把这次失败视为一次学习经验的机会，通过失败来重新审视和提高自己。

心怀忧虑的人害怕冒险，他们大多不敢涉足未知领域。人们都向往安全感，这也是人之常情。但是，当我们自认为生活很安稳时，其实只不过是一种虚无缥缈的幻觉。当我们向前踏进未知领域时，我们就必须有勇气面对失败，失败在悲观者看来是灾难，在乐观者看来却是一笔宝贵的财富。只有经历了失败的痛苦，才能真正体会到成功的欢乐；只有经历了失败的考验，才有做人的成熟。明天承载不了太多的忧虑，当我们保持一颗乐观的、顽强的上进心时，事情也就会变得简单。

忧虑是幸福的天敌，它夺走了我们的快乐，让我们陷入自卑、怀疑的境地。忧虑破坏人的志向，瓦解人的勇气和创造力。倘若你心怀忧虑，那你就可要当心了。它会毁坏了你的事业，夺走你的幸福。

心怀忧虑的人常常魂不守舍，似乎总在期待着灾难的降临，而不能充分享受今天的生活。他们总带着一种不安揣测明天，比如："得了不治之症怎么办？""失业了怎么办？""遇到交通事故怎么办？"等等。如此推想下去，不安的心绪就像滚雪球似的，越滚越大，最后逼得人走投无路。实际上这些事情能否发生还值得商榷，即使真让你遇上了，还不如用那些忧虑的时间及早地享受生活的乐趣，一旦烦恼紧紧缠绕，我们将精力分散、一事无成。

 幸福悟语：

忧虑太多是毒药，让自己的身心疲惫，让幸福流失。快乐、痛苦、幸福的感觉大部分来自于我们身心的感受，我们要追忆快乐的心境，调适良好的心态。遇有逆境，内心要有安身立命的灵水源泉，只要随遇而安，处处皆是海阔天空。放下忧虑，追逐幸福的精神修养与快乐知足的领悟能力有着绝对的关联，它无法馈赠、积存，要靠我们个人修养与定力去细细体会。

3.体味细节的力量
——捕捉点滴中的温暖

　　很多人认为幸福必须建立在巨额的财产基础之上，而他们往往在追逐物质的道路上疲于奔命。幸福感消磨殆尽，并未因财富的递增而成正比。而只要停下来，回归于生活之中，我们就会惊奇地发现，原来，幸福就潜藏于一个个生活场景里，比如傍晚和家人一起漫步，餐桌上的互相夹菜，患难中朋友的慷慨相助，一个阳光明媚的艳阳　天……平　凡的生活里蕴含着千金难买的幸福，只要我们善于观察、善于发现，珍惜每一个平淡日子里的感动与温馨，幸福就会环绕你的周围。

蓦然回首，幸福就在拐角处

人们总是低估了自己推动事物和改变事物的能力，因为人们低估了指数函数的增长速度。许多人缺少改变的勇气，缺少展示自我优势的坚定性，因此，成功离他们也就越来越远。人们一旦找寻到自己的优势，并能展示自身最优秀的一面，我们就有机会发现生活的美好，和那些未知的幸福！

幸福，是个既古老又现代的词汇。千百年来，人们为了追求、获得幸福，不懈奋斗，勤劳拼搏，付出了极大心血和努力，创造了许多可歌可泣的动人传奇。但是，对于什么是幸福、怎样获得幸福，古今中外，历来都是众说纷纭，没有统一、固定的标准，而我则赞成和崇尚在知足中感受幸福。

如何看待和对待社会，是一种思维方式的问题。面对社会各种问题，每一个问题的背后，都孕育着一种机遇。每一个人都有自身的弱点，同样也一定会有自己的优势。

在一个社会中生存和发展，抱怨是没有任何意义的。没有一个社会没有问题，没有一个历史阶段没有问题。习惯于抱怨实际是自己给自己找安慰。习惯于把别人的成功归于运气，更是很多人的习惯思维。

在这个社会中，有很多人不理解什么是自己的优势。习惯于做大家都认同的事情，包括工作、生活方式、追求等。其实每个人天生就是一枚举世无双的钻石，关键是放到哪里。放到皇冠上，就是无价之宝。用于砌墙，就是一粒沙子。这个道理，如果能想明白，那眼前就是一个灿烂的世界。

请看下面一则故事：

陈师傅是农民家庭出身，从小就立志到城里当工人，以为当个工人就是最幸福的事。

1991年，愿望终于实现了，陈师傅被分配到某市钢窗厂工作。凭着一股冲劲，陈师傅很快成为单位里的业务骨干。近10年中，陈师傅多次被评为先进工作者，还入了党，家庭也充满了幸福的味道。

天有不测风云，企业破产改制了，陈师傅成为一名下岗职工。这是一件令人痛苦和恐慌的事情，失去岗位不就意味着失去了未来吗？与别人总想着"练摊"不同，陈师傅反反复复地问自己，难道近10年练就的技术就这样扔了吗？渐渐地，陈师傅冷静了下来，认定只有发挥自己的所长，才能找到成功的再就业之路。最终，陈师傅还是选择了"本职工作"，那就是继续做铝合金门窗加工。

1998年8月，陈师傅费尽周折借来3万元，买来一些简单的设备和原材料，和六七位一起下岗的工友一道办起了自己的公司。陈师傅"身兼数职"，既当老板又当工人，既当师傅又当徒弟，既当采购员又当推销员，别提有多累了。

然而，由于厂子规模小、产量低、品种单一，在市场上没有竞争力。加上又处在建材销售淡季，3万元的本钱很快就赔光了。

这个时候，好心人劝陈师傅另谋出路。陈师傅却认为，事业从来都不会一帆风顺，幸福的到来也不会简简单单，一定要咬着牙坚持下去。陈师傅牢牢抓住产品质量关和品种关，提高公司适应市场的能力。

一年下来，公司扭亏为盈，完成产值近100万元。

新世纪初，陈师傅引进了全套的铝合金门窗生产线，初步实现了规模化生产，从加工单一的铝合金门窗发展到加工塑钢门窗、不锈钢门窗、彩板门窗和防盗门窗，并且开始做室内外装饰装修业务，公司职工也发展到48人。

这个故事里，陈师傅因下岗变得不幸福，整日郁郁寡欢，而重新将自己的优势发挥出来后，幸福便在拐角处出现了。所以说，遇到挫折、失意的时候，千万别灰心丧气，我们要好好审视一下自己，重整旗鼓从头再来，蓦然回首，幸福就在不远处等着我们呢！

有这样一个论断曾风靡一时："判断一个人是不是成功，最主要是看他是否最大限度地发挥了自己的优势。通过研究发现人类有400多种优势，这些优势本身的数量并不重要，最重要的是应该知道自己的优势是什么，之后要做的则是将你的生活、工作和事业发展都建立在你的优势上，这样你就会成功。"

人们很容易被自己的视野所局限，大部分人对自身才能和优势的了解并不全面，更不具备根据优势安排自己生活的能力，和根据优势发现幸福的能力。相反，我们大多是矫正缺点的"庸人"，我们受的教育是"你要把这些那些的缺点改掉，争取做一个好学生、好员工……"使我们成了查找自身缺点的专家，为修补这些欠缺而一生追求。当我们把过多的精力用于弥补缺点时，也就无暇顾及发挥优势了。正如一个人如果想面面俱到、样样优秀，要耗费的精力实在太多了，但如果能集中优势把一项做精、学专，某一领域的行家里手那就一定是你。

也许我们并没在意过建立个人品牌的重要性，其实这也是幸福的渊源。专家认为，不只是企业、产品需要建立品牌，个人也需要在职场中建立个人品牌。竞争并不可怕，可怕的是自己并无太多让人记住的东西。假如有一天有人说"哦，这项任务由他来担当最合适，他具有这方面的优势！"那么，你不觉得自己很幸福吗？那么就从现在开始，发现自己的优势，让它成为你的独特品牌吧！

我们要善于跳出"与别人比较"的模式，树立"与自己比较"的独立自我。向别人学习时要强调"见贤思齐"，总结自己的成果时要与自己比较。如果你总是和别人比，越比越觉得自己一无是处，永远跳不出自卑的怪圈。你只要做到"今天的我比昨天的我有进步"，就找回了幸福的感觉。

 幸福悟语：

多欣赏学习别人的优点，善于发现和发挥自己的优点，幸福始终默默地跟随着我们。我们要慧眼识幸福，知福才能感知幸福，惜福方能留住幸福。有一天我们蓦然回首，会发现幸福正在拐角处对我们微笑，静静地等候着我们去享受。

用生活的原则寻找幸福的轨迹

生活就如一杯白开水，我们可以任意调剂出不同的口味。你可以加盐、加糖、加醋、加茶……咸也好，淡也好，样样都好，这其实是一门生活的艺术。要调理的有度，那么就会让自己活的潇洒，活的充实，活的精彩，活的有味。幸福是有轨迹可寻的，我们能用自己生活的原则去探寻，就会有意外的发现。

自己不曾拥有，就快乐地欣赏别人的拥有，不让日子沦于黯淡，不让心绪陷于灰颓，这是我们一生都需要努力去做的幸福必修课。当我们惬意地走在路上，感觉微风拂面，感觉心境清爽，感觉发丝轻扬，感觉脚步轻盈，感觉心情飘飘，感觉过往的目光都有欣赏，这是一种悠闲的幸福。

我们的生活似乎很平淡，跟白开水一般。没有太多的波澜起伏，只有点滴的微波浮动。很简单，每天除了做些柴米油盐的家事，就是同爱人的共同娱乐时间。和家人或朋友有说有笑，其乐融融。曾经以为生活过于平淡会有很多无聊的时光，没有浪漫的色彩是灰色的天空。我们或许会认为生活不可以缺少新鲜的色彩，总以为生活不能太沉闷，平淡会是死气沉沉。其实不然，生活原则自有它的意味。

生活的平淡是一种安逸的享受，平淡的幸福不仅在于发现点滴生活的体验，最重要的是一种心境的享受。请看下面一则故事：

有一次，弘一法师因战事滞留宁波七塔寺，夏丏尊先生听说了，前往看他。七塔寺云水堂里共住宿四五十个游方僧。床铺分两层，是统舱式的，他住在下层。他对夏先生说，到宁波三天了，前两天是住在一个小旅馆里的。夏先生看在眼里，实在于心不忍，就问他："那家旅馆不十分清爽吧？"

"很好！臭虫也不多，只有两三只。主人待我非常客气呢！"

夏先生邀他同往上虞白马湖小住几天。他的行李很简单，铺盖是用破旧的草席包的。到了白马湖，他自己打开铺盖，先把那破草席铺在床上，摊开了被子，再把衣服卷了几件作枕头，然后拿出一条又黑又破的毛巾走到湖边洗脸。

夏先生就说:"这毛巾太破了,替你换一条好吗?"

"哪里!还好用的,和新的也差不多。"说着,他把那条毛巾珍重地打开来给夏先生看,表示还不十分破。

法师是过午不食的,第二日午前,夏先生送了饭菜去,在桌旁坐着陪他。碗里所有的只是些萝卜、白菜之类,可是在他看来,却几乎是要变色而作的盛馔了。他喜悦地把饭扒入口里,郑重地用筷子夹起一块萝卜来的那种了不得的神情,真使人见了要流下喜悦惭愧之泪!

第三日,有另一位朋友送了四样菜来斋他。夏先生也同席。其中有一碗非常咸。

夏先生说:"这太咸了!"

"咸也有咸的滋味。"弘一法师平静地回答。

夏家和他的寓所相隔有一段路。第四日,他说,以后饭不必送去,他可以自己来吃。且笑说,乞食是出家人的本色。

"那么,逢雨天仍替你送来。""不要紧!雨天,我有木屐哩!"他说出木屐两字时,神情上竟俨然是一种了不得的法宝。他看出夏先生有些不安,就说:"每天走些路,也是一种很好的运动。"

在他,世间竟没有不好的东西,一切都好。小旅馆好,统舱好,破旧的席子好,破毛巾好,白菜好,萝卜好,咸苦的菜好,走路好。什么都好,什么都有味,什么都了不得。

这个故事里,弘一法师能在日常生活的琐事中咀嚼出它的全部滋味,并能时刻体会到生活的美好。当他吃萝卜和白菜时,那种内心喜悦的情景,萝卜、白菜的全滋味、真滋味,怕要算他才能如实尝得的了。在弘一法师看来,事物不为因袭的成见所束缚,都还它一个本来面目，如实观照领略，这才是幸福的真谛。生活里，我们如能参透其中的道理，幸福感也就不再难找寻。

让我们再看下面一则故事：

从前在一座山中有一个小庙，一个小和尚被派去买食用油。在出发前，庙里的厨师交给他一个大碗，并告诫他："你一定要小心，我们最近财务状况不是很理想，你绝对不可以把油洒出来。"

小和尚答应后就下山到城里，到厨师指定的店里买油。在上山回庙的路上，他想到厨师凶恶的表情及严重的告诫，愈想愈觉得紧张。小和尚小心翼翼地端着装满油的大碗，一步一步地走在山路上，丝毫不敢左顾右盼。很不幸的是，他在快到庙门口里时，由于没有向前看路，结果踩到了一个洞。虽然没有摔跤，可是却洒掉三分之一的油。小和尚非常懊恼，而且紧张到手都开始发抖，无法把碗端稳。终于回到庙里时，碗中的油就只剩一半了。厨师拿到装油的碗时，当然非常生气，他指着小和尚大骂："你这个笨蛋！我不是说要小心吗？为什么还是浪费这么多油，真是气死我了！"小和尚听了很难过，开始掉眼泪。

这话被另外一位老和尚听到了，就过来问是怎么回事。了解情况以后，他就去安抚厨师的情绪，并私下对小和尚说："我再派你去买一次油。这次我要你在回来的途中，多观察你看到的人事物，并且需要跟我作一个报告。"

小和尚疑窦丛生，想要推掉这个任务，油都端不好，哪有心情去看风景、作报告呢。不过在老和尚的坚持下，他只得勉强上路了。在回来的途中，小和尚发现其实山路上的风景真是美。远方看得到雄伟的山峰，又有农夫在梯田上耕种。走不久，又看到一群小孩子在路边的空地上玩得很开心，而且还有两位老先生在下棋。这样边走边看风景的情形下，不知不觉就回到庙里了。当小和尚把油碗交给厨师时，发现碗里的油，装得满满的，一点损失都没有。

这个故事告诉我们，我们想比较快乐地过日子，也可以采纳这位老和尚的建议。与其时刻在乎自己的成绩和物质利益，不如每天努力在上学、工作，或生活中，享受每一次经验的过程，并从中学习成长。一位真正懂得从生活经验中找到人生乐趣的人，才不会觉得自己的日子充满压力及忧虑。

生活中还有许多我们未曾注意到的幸福，你会惊奇地发现原来我们的生活还有如此多的美丽，原来镜中的自己还是如此的笑靥如花或长发飘飘或英俊潇洒，原来我可以让自己有这样幸福的心情！用生活的原则去探究生活的本源，才发现幸福就环绕在我们的周围。

我们要感谢生活，感谢快乐，感谢所有不如意，感谢朋友！感谢幸福！

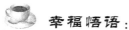 **幸福悟语：**

我们的生活方式原本是自由自在、简简单单的，难道不是吗？回归自然，回归真性，就能寻找到我们想要的幸福，这不能不说是一种快乐和享受。我们要用平和的心态微笑地去看世俗的人生，也不能不说是一种逍遥自在的快乐。坚持我们最自然的生活原则，就能探明幸福的轨迹。

洒脱些吧，快乐本无需理由

"生活真的很美好！"当你这样想的时候，你也就卸下了重负，真正洒脱起来。洒脱是一种从容，是我们发现未知幸福的健身器。你要知道，忘记忧愁，就没了忧愁；远离是非，也就没了是非。愿你的人生从此洒脱起来吧，少些烦恼，多些快乐！

智者从不在失败和挫折里迷失，而是善于在忧愁和是非中找寻智慧，从忧患中激发出生存的力量，他们会及时地卸下忧虑，重塑自己的信心，过洒脱的生活。洒脱是帮助人们走向成功的强大动力，还能增强人的信心，而且还能教会人重新估计自己的目标，改进进取的方式。

贫穷和疾病会导致我们的不幸，那么就要努力工作，并时时爱惜自己的身体。事业上要尽到努力，同时远离可能损害身体的活动或环境，适度的锻炼也必不可少。

如果工作和生活环境的不如意会让你觉得不幸，那就洒脱点，干脆换一个环境。心胸的狭隘、偏激和固执可能会导致不幸的事件发生，那你就痛定思痛，好好修炼心态。假如把生活中大大小小的不快乐积攒到一起就是不幸，那么我们就要找到我们生活幸福的支点，对科学的热爱、对艺术的执着等都可以当作这个支点，事实上每个人的特殊天才呈现出的缤纷多姿正是幸福的一个源泉。糟糕的外界环境让我们感觉不爽，但无法逃避，那就洒脱点勇敢地去面对，去积极地改善。

　　我们发现做到洒脱真的不易，当我们好不容易毕业走出校门，摆脱了对父母的经济依附，还没来得及享受一两年自由独立的生活，却又为是否步入二人世界的生活而焦虑，你本来是为了要生活得更好的，而事实上你得到的是经济和精神上的双重枷锁。结婚后，我们还要为孩子、房子、车子等疲于奔命，实在难以轻松！整个生活的环境都缺那么一点轻松自由的空气，这似乎不是我们个人努力就能做到的，但，压力像个气球，掌握不好就会爆炸的。

　　我们自以为轻松自在的心态就能找到幸福，但离幸福还是相去甚远。要做到扫除这些障碍，确实也是相当的难，不如就从训练轻松、洒脱的心态开始吧。

　　请看下面一则故事：

　　19 世纪中叶，瑞典的一个富豪人家生下了一个女儿。然而不久，孩子患染了一种无法解释的瘫痪症，丧失了走路的能力。一次，女孩和家人一起乘船旅行。船长的太太给孩子讲船长有一只天堂鸟，她被这只鸟的描述迷住了，极想亲自看一看。于是，保姆把孩子留在甲板上，自己去找船长。孩子耐不住性子等待，她要求船上的服务生立即带她去看天堂鸟。

　　那服务生并不知道她的腿不能走路，而只顾带着她一道去看那只美丽的小鸟。奇迹就在这时发生了，孩子因为过度地渴望，竟忘我地拉住服务生的手，慢慢地走了起来。从此，孩子的病便痊愈了。

　　女孩子长大后，又忘我地投入到文学创作中，最后成为第一位荣获诺贝尔文学奖的女性，她就是茜尔玛·拉格萝芙。

　　这个故事告诉我们，人只要洒脱和忘我，奇迹就会发生。忘我、乐观是幸福的重要元素，只有在积极上进的环境中，人才会超越自身的束缚，释放出最大的能量，人也只有忘我才会寻得幸福。如果我们觉得不够洒脱，多数是因为压力太大。如果你觉得生活有点压抑，就不妨用阿Q精神来调剂下自己的压抑生活。自嘲让心境开阔，洒脱让幸福回归。

心理专家指出，很多人都会给自己定个目标，有时过于苛求自己，每天不停地奋斗，希望可以做到和他人一样优秀，或者超越他人，最后把自己弄得焦头烂额，疲于奔命。人和人是不一样的，能力也不尽相同，这种时候就需要有点阿Q精神，在自己取得一定成就时，适当地停下来享受一下成功和幸福的感觉。

既然幸福是一种主观上的感受，那么我们就要放宽心态，确立所理解的那个幸福，享受着自己的幸福，或者朝幸福的那个方向迈进。

我们成人总想把东西放到隐秘处，认为越隐秘越安全，所以发明了保险柜、防盗门以及各种各样的锁具。谁不见贪官藏钱各有妙招——洗手间、保险柜、垃圾桶、废纸箱，但终归不义之财，非其道而来也必非其道而去，藏终究是要露馅的。在这一点上我们成人总不如小孩子。小孩子想买东西时就要钱去买了，不想玩时随手一放就快快乐乐地玩其他东西去了，他们不去想是否会放丢了、放忘了，小孩这种心中的安宁我们成人能够存在多少呢？这就是老子所说的"为学日益，为道愈损"。我们人越长大，越变得自以为聪明机智，实际上距离人生的本真愈来愈远了，也就距离人生的真正幸福愈来愈远了。

在发现未知幸福的道路上，人们常常发现为了幸福，反而一不小心就制造了更多的不幸，让自己压力太大无法挣脱。短暂的人生一直陷在迷宫里不能自拔实在可惜，何不让自己洒脱点，轻松地去做自己想做的事情呢。其实，为了追寻幸福，倒不如从其反面来考虑，就是生活中有哪些因素可能导致不幸，将这些因素列出来，扫除掉，幸福就自然而然地实现了，这样可能更加简单和易于操作。生活会变得简单，我们也会活的洒脱、幸福。

 幸福悟语：

你真正能搞定的，不是世界，不是他人，是你自己，这就是洒脱。而实际上，当你把自己摆平的时候，也就是你开始洒脱的时候，你或许会忽然发现，世界和别人不知不觉间已经是你原来希望的模样了。放宽我们的心境吧，幸福源于自己的无所谓，在那种淡定的超脱中获得恒久的幸福。

找回遗失的那颗童心

当我们哀叹岁月无情的时候，有谁想过保持心灵年轻的重要性。都说童言无邪，那是因为儿童的率真、可爱，让人忍俊不禁；都说童心烂漫，那是因为儿童的心中充满了奇思妙想，所以童年是最具有诗意的岁月。怀着一颗童心去生活，试着用儿童的眼光看世界，真是一件幸福无比的事情。

生活是纷繁的，在纷繁中难有幸福；成年人是复杂的，成年人难有幸福。儿童容易开心，儿童容易幸福，儿童的一切快乐源于天性。幸福由点滴构成，幸福是简单的，越简单越幸福。儿童是纯真的，儿童是简单的，儿童容易幸福。

我们一路艰辛走来，会因为忙于应付生活，忙于应对压力而丢掉了那颗纯真的童心。工作的压力代替了童年的幻想，生活的琐碎埋葬了我们的赤子之心。"天真"与"无邪"离我们越来越远，我们开始学会算计，学会敷衍，生活从此变得沉重。我们忘记了童年的歌谣，忘记了纯真年代的白裙子和旧草帽。但有一天，如果我们能换一种姿态，调整一下前进的步调，清空自己的内心，以顽劣的态度去尝试一种新的生活时，或许你会发现生命中的大美。那么，就让我们一起找回遗失的那点童心吧。

这让我想起了一个故事：

一位富翁为了锻炼下一代，让儿子体会到生活的艰辛，用心良苦地带着他去位于偏远山村的老家体验生活。

这天一大早，富翁就带着儿子出发了。到达山村后，富翁发现，自家的老房子早已朽破不堪，无法居住了。于是，富翁就特意找了村子里最穷的人家，在那里借住了3天。

每天，富翁的儿子和穷人的儿子一起跑进跑出，山上河边，到处都洒遍了他们快乐的笑声。

返回家以后，富翁问儿子说："怎么样，这次旅行还愉快吗？"儿子兴奋地回答说："非常棒，爸爸。"富翁满心以为，儿子一定明白了自己的良苦用心，就让儿子说说自己的想法。

结果，儿子却开心地说："爸爸，他们家要比咱们家富有多了。你看，咱家只有一只小狗，而他们家有一只大狗、两只小狗；咱家仅有一个小游泳池，可他们家却有一片那么大的池塘；咱们家的花园里只有一小片花草，可他们房子后面却有漫山遍野的鲜花；咱们家院子里只有一座假山，而他们家屋后却有那么一座神奇的大山！"

听完儿子的感想后，富翁再也无话可说了。儿子摇着父亲的手又说道："爸爸，我现在才知道原来咱们家是那么的贫穷。"

富翁也不禁回忆起自己小时候的快乐生活了，想当初，一个苹果、一支铅笔就可以让自己兴奋上大半天，而现在呢？似乎什么都有了，美满的家庭，成功的事业，巨大的财富，但自己甚至已经不知道什么是幸福了。他感觉儿子说的确实有道理，原来，拥有一颗童心就能发现未知的幸福啊！

这个故事里的孩子无疑是幸福的，他不用世俗的眼光来看待财富，而只是用一颗童心去衡量他所谓的"幸福"和"贫富"。我们无论到了什么年纪，能拥有一颗童心是最难得的，也是最幸福的，拥有童心不等于幼稚，相反，人在到了成年乃至老年以后，还能拥有纯净的童心，正是成熟进而超脱的最好表现。

孩子的心是幼稚的，但也是色彩斑斓的，它充满希望和生机，有时候怀着一颗童心去处事，烦恼、忧愁，就不会那么多了，幸福快乐也会如影随形。

有一次，一对年逾八旬的金婚夫妇接受记者的采访，当被问到为何能保持青春的活力时？置身于布娃娃、小狗、小猫等玩具的童话世界里的老妇人满头白发，却精神矍铄，她爽朗地回答："一个人不论年纪大小，只要保持一颗童心，就能永葆青春活力。"

是啊，只要童心不老，你就会浑身上下充满朝气，生活充满快乐，就会有一个永远年轻的精神世界。马克思曾经说过："一个成人不可能再变成儿童，否则变得稚气了。但是，儿童的天真不是使他感到更加愉快吗？"

童心，是生命的本真。印度诗人泰戈尔有一句名言："伟大的人物永远是小孩。死了，他把天真留给世界。"革命老前辈徐特立有一首诗："世有老少年，也有少年老。不落时代后，年老才是宝。"

童心，原本也是这个世界的原始本色，没有一点点功利色彩。就像花儿的绽放、树枝的摇曳、风儿的低鸣、夜晚鸟虫的轻唱。童心是本性的释然，没有任何特别的理由。

拥有童心，我们就不会把生活中简单的事情看的过分复杂，就会懂得如何删繁就简，除掉那些恼人的枝蔓，把一些纠缠不休的事情梳理的很单纯。而面对生活中的恩恩怨怨，拥有一颗童心的我们能够展现笑容，就像闹了别扭又牵手的孩子一样，一笑之间化干戈为玉帛。面对生活中的功利，拥有童心的我们能够返璞归真，懂得什么应该取，什么应该舍，知道什么对自己才是真的重要。面对平凡而琐碎的日常生活，拥有童心的我们能够享受平凡的浪漫和天伦之乐，活得其乐无穷。童心不是幼稚，童心不是愚顽，童心是大智慧，是无邪，是对蝇营狗苟的不屑。拥有童心的我们就拥有了纯洁、真挚、坦率与真诚，我们若秉持这样的生活态度，遇事就不会过多地计较，这样万事就会变得简单。这样，我们就可以活得更加简单、自然、舒畅、幸福。

 幸福悟语：

我们无法抗拒衰老、成败、灾难，但我们能保持精神年轻，就能乐而忘忧，找回遗失的那颗童心，于无形中延长了自己的青春和生命。如果我们能保持一颗童心，那我们就能让幸福快乐的生命奏出华彩乐章，如秋日之灿烂，秋实之饱满，秋光之无限。

给生活加点情趣的格调

懂得情调的人，生活应该会更幸福。在这个忙碌的社会，没有谁不愿意和能给自己带来快乐和欢笑的人在一起，能带给他人舒心欢笑的人是受人欢迎的人。跟阴郁的人在一起，感觉毫无乐趣，体会不到幸福的存在。乐观和幽默感对心理的健康也是非常重要的，也可以大大提升你的幸福感。

西方有一句这样的谚语："没有幽默感的文章是一篇公文，没有幽默感的人是一尊雕像，没有幽默感的家庭是一所旅店，没有幽默感的社会是不可以想象的。"生活中或者是社交场合，我们都喜欢幽默，因为幽默中蕴涵着无穷的力量，给我们带来快乐。

即使你的生活单调乏味，但也不要灰心丧气，你需要加点情趣来调理。在别人唉声叹气、抱怨不断的时候你也不要和他们一样，要乐观向上，培养起一种随时都快乐的心境。抓住机会幽默一下，既调谐了大家的心情，又让大家觉得你可爱。因为乐观和幽默可以消除彼此之间的隔阂，更能营造一种亲近的人际氛围，并且有助于你自己和他人变得轻松。这样，在大家的眼里你的形象就会变得可爱，容易让人亲近。我们常说：生活中不缺乏美，缺乏的是发现美的眼睛。只有保持了乐观的心态才能发现美，才会有发现生活美好面的情趣。

情趣固然烂漫，但却不好去营造。情趣是人们的情感共鸣，从广义上来说是指一个人情趣性、时效性、显著性和接近性均能引起人们的兴趣，比如性格里的风趣、幽默、内涵、修养、感动、温馨、感慨等；从狭义上来看是指非常态和有情趣的事实，指向性、持续性的心理倾向，如生理、浮躁等。情趣也是一种情调，音乐家通过音乐来寻找情趣，艺术家通过艺术来表达情趣，思想家通过观察来寻找情趣等。我们常用心找寻属于自己的情趣格调，让生活充满了乐趣，那将是多大的快乐。

生活需要由情趣带来欢乐。生活中由情趣产生的笑声，多是内心的平静，它能够让人不断玩赏，仍然回味无穷。人们喜欢和有幽默感的人在一起，不是因为他们能给自己带来多少激动或欢乐，而是因为和他们在一起时，总可以感到舒服，如若遇到什么烦恼的事，他们也能用一两句话化解，让自己忘掉不快，心情变得舒畅起来。

我们不可缺少生活的调味品。在社会上，超然洒脱的幽默态度，常使窘迫尴尬的场面悄然化解，使人与人之间的关系更趋和睦、融洽。在家庭里夫妻间闹点矛盾，一个得体的小幽默可使对方忍俊不禁。在公共场所，有人因小事争吵继而"剑拔弩张"，一句巧妙诙谐的话语，顿时化"干戈"为"玉帛"。

有一次林肯在演讲时，一个青年递给他一张纸条。林肯打开一看，上面只有一个单词："笨蛋。"林肯脸上掠过一丝不快，但他很快恢复了平静，笑着对大家说："本总统收到过许多匿名信全部只有正文，不见写信人的署名；而今天正好相反，刚才这位先生只署上了自己的名字，却忘了写内容。"

林肯被誉为是一代幽默大师，他用富有情趣的话语化解了一次危机。幽默是一种智慧的表现，具有幽默感的人是受人欢迎的，人们感受的不只是轻松和乐趣，更多的是情趣赋予的一种智慧和吸引力。

4月的某天，美国哲学家乔治·桑塔亚那选定这一天结束他在哈佛大学的教学生涯。那天，乔治在礼堂讲最后一课，快结束的时候，一只美丽的知更鸟落在窗台上不停地欢叫着，他打量着小鸟，许久，他转向听众轻声地说："对不起，诸位，失陪了。我与春天有一个约会。"说完便匆匆地走了。这句临别留言，像诗一般美好。不热爱生活的人，无论如何也说不出。人们在告别自己从事一生的某项事业时，出现伤感情绪是难免的，很多人会因此而失落、悲观。乔治·桑塔亚那却以一种充满朝气、热爱生活的心态，幽默地面对人生暮年的一幕。

这位睿智的大师用充满情趣的话语巧妙地化解了离别的伤感，一句"我与春天有一个约会"道出浓浓的幸福感。情趣的话语是人们交流的润滑剂，情趣是家庭生活的催化剂，情趣是缓解压力的调节剂，情趣是享受生活的调味剂。

在一个有众多名流出席的晚会上，已失去昔日风采、鬓发斑白的巴基斯坦影坛老将雷利拄着拐杖蹒跚地走上台来就座。主持人开口问道："您还经常去看医生吗？""是的，常去看。""为什么？""因为病人必须常去看医生，医生才能活下去。"此时，台下爆发出热烈的掌声，人们为老人的乐观精神和机智语言喝彩。主持人接着问："您常去药店买药吗？""是的，常去。因为药店老板也得活下去。"台下又是一阵掌声。"您常吃药吗？""不，我常把药扔掉。因为我也要活下去。"台下大笑。雷利与主持人的对话句句幽默提神，令在场的人对精神常青的雷利肃然起敬。

这个故事再次说明了乐观与幽默是亲密的朋友，如果我们能在生活中多一点趣味和轻松，多一分幽默和乐观，生命就多一份力量，没有克服不了的困难，幸福的味道也会历久弥香。

当今时代，我们要积极地投入生活，还要懂得超脱和闲适，一身疲惫，满心苍凉，则什么事也无法成就，更别提幸福了。刘心武曾说："我们每一个个体生命都来之不易。人的生命只有一次，如果不去消费的话，岁月也在流逝。生命既然属于自己，那么就要把它用出去。除了做一些对社会和个人非常有意义的事情外，在生活的细节上，也应该注重情趣。"

培养我们的情趣会让我们幸福很多，生活里添加情趣的事情有很多，它让我们心平气和，情绪愉悦。比如写诗、练字、绘画和观景等雅兴，都有助于我们改善脾气、优化心性，都可以抑制胸中的怒火和暴烈的性情。培养高雅的情趣，对于丰富情感，柔顺脾性，提升幸福，都是大有益处的。在现实生活中，就能脱离低级趣味，开创和谐幸福的人生。生活的情趣是构筑优质生活的基石。我们的情趣追求越高，精神就越充实和幸福。所以，在你忙碌的同时，切不可忘了给生活加点情趣的格调。

 幸福悟语：

我们除了埋头赶路，也该看看头顶之上的明月、朝霞、白云，注目身边的花果、野草、稻菽，在关注身外的物质世界之时，也须回眸凝视自己的心灵宇宙。培养我们的情趣，就是在建设我们的幸福家园。一个人抛却了精神家园，荒芜了理想中的芳草地，他一生劳劳碌碌，匆匆忙忙，就容易造成很大的缺憾。

快乐接踵而来，幸福感需要营造

我们所感受的幸福千差万别，有些幸福近在咫尺、唾手可得；有些幸福却遥不可及，让人望而却步。幸福有时就像缘分一样可遇而不可求。幸福有时也不是你想把握就能把握得住的。人生有太多的不确定，因为人的心绪太摇摆。没有一成不变的人，一成不变的心，一成不变的事，我们要坚守信念，营造幸福感，让自己更幸福。

追求幸福是上天赋予人类的权力与义务。人人都有权力获得幸福，也都有义务给予别人幸福。不是每个故事都有完美的结局，但是不要因为自己的胆小懦弱而错过身边太多的精彩。

幸福与否需要我们自己来营造，幸福由你来掌控。曾有一个企业家事业不顺利，他非常焦虑，终日唉声叹气、愁眉不展。过了一段时间后，他问自己："最坏又能怎么样？我会死吗？当然不会，至多也就是负债累累，公司倒闭而已，我还可以活着，还有机会东山再起。"于是他的忧虑减轻了，又以轻松的心态让公司起死回生。可见，幸福就掌握在自己手中。

我们常常会忽略触手可及的幸福，把它当成理所当然。其实，幸福就在我们的身边。生活里常有很多不能让我们幸福的事情发生，没考上大学的时候想着考上了就会幸福，等到真的考上了发现也就那么回事；上学的时候想着毕业了就能摆脱烦恼，等到毕业了发现工作挺难找；没工作的时候想着找到工作就万事大吉了，工作了发现好工作还遥不可及；还没挣钱的时候想着要是每个月能有个 2000 块就满足了，而找了份3000块的工作后却也没觉得怎么幸福；没谈恋爱的时候，觉得有个人陪伴就好了；当恋爱的时候，又感觉没有那么自由了；想结婚，想着结了婚一切都稳定下来就好了；结婚了吧，原来结婚就是平淡的生活而已。如此等等，生活充满了忧虑和烦恼，心境的忧烦更让人找不着幸福的踪影。所以，你想要觉得幸福就会觉得幸福。幸福是主观的，幸福是要去感受的。幸福是一种心境，幸福需要营造。

美国有一个各方面素质都很优秀的业务员，他叫布恩。

有一天，他去拜访他的一位客户，可惜的是，对方一开口就拒绝了他所谈的生意。

他为此很烦恼，回到公司之后，把事情的经过告诉了经理。

经理听完了他的讲述，沉默了一会儿说："你不妨再去一次，但要调整好自己的心态，要时刻记住微笑，用你的善意去打动对方，这样客户就能看出你的诚心。"

第二天布恩就按照经理的劝导又去拜访了对方，他尽可能地让自己表现的很快乐、很真诚，微笑一直洋溢在他的脸上。

结果，对方被他愉快的心情所感染，他们顺利地签订了协议。

此后，布恩也尝试着把微笑运用到自己的家庭生活中。

他结婚已经8年了，忙碌的工作使他顾不上心爱的太太，以前他很少对妻子微笑。此后，早晨起床时，他做的第一件事情就是对着镜子微笑，坐下来吃早餐时，就微笑着与太太打招呼，他太太惊讶不已，非常兴奋。

在此后的两个星期中，布恩感觉到的家庭幸福，比过去的两年还要多。

随后，布恩携带着微笑再扩散到各个角落。

上班的时候，他对大楼门口的电梯管理员微笑；在餐厅吃饭时，他对服务员和厨师致以微笑；到交易所办理业务时，他时刻对工作人员充满微笑；即使是面对陌生人，他也从不忘记给对方微笑的问候。

布恩很快就发现周围的人同时也对他报以微笑，一段时间之后，他的业务量大增，生活越过越幸福。

故事里的布恩为自己、也为他人营造了幸福的环境，他的做法是聪明的。他善于运用幸福的元素，给自己快乐的心情，带给身边每一个人温暖如春的微笑，人人倍感幸福，营造了更多的幸福，接触他的人能不喜欢他吗？生活也是如此，需要抛弃一些挫折的烦扰。营造幸福感，就要将金钱、权势、名声、地位等看轻，真正能给我们带来快乐的是轻松的心境，只有放下该放的东西，才会拥有幸福的人生。

最现实和最幸福的生活，其实就是要求我们活在当下，不必回头。过去的自己究竟是怎样的，其实无关紧要。现世安稳，岁月静好。人生充满了无数的选择，而你的生活态度就是一切。我们选择用什么样的面貌对待自己的人生，生活就会以什么样的态度来对待我们。假如我们消极，生活则会黯淡；假如我们积极向上，生活就会给我们带来许多快乐，还会帮助我们摆脱困境。

营造幸福，首先要能够让自己变成一个真正快乐的人，这其实是一门高深复杂的学问。单单叫我们要快乐，让我们微笑以及大笑是没有用的。假使你是一个很不幸的人，看不见自己的前途，对生活中的人们的善良和美好失去信心，你觉得自己很琐碎、很卑微、很无聊而且还很堕落，你可能会笑，然而你表现出来的是苦笑而不是快乐，至少不能带给别人快乐。

我们只有正确地对待生活，保持良好的心态，才能克服各种困难，从而实现快乐地生活。要拥有积极的心态，还要对自己的未来负责，给自己一些压力，以求更大的发展。比如说现在不少的大学毕业生都想去北京继续发展，然而现实是北京对外地的学生采用"指标"的方法进行"适度控制"。对于社会管理者来说，这是一种可以理解的无奈的选择；然而对外地学生来说，直接留京不行，那么就采取考硕士生、博士生的方式来实现自己的"夙愿"。这就存在一个问题，那就是现实状况和未来目标逼得自己必须将学问做得好好的，扎扎实实的。如此一来，"难事"就变成了"易事"，自己对自己的未来也就会信心满满，也就在奋斗中找到了自我，找到了快乐。这种快乐就是自己营造出来的。

生活本无什么非常手段，如果一个人有了强大的"实力"，那么他选择和发展的机会就会大大地增加，那样的话，他的生活中就会少了一分忧愁，多了一分快乐。所以，必须学会营造快乐。

有一首歌唱得好："不管得与失，值得去庆祝，因为心中易满足！"只要我们学会舍弃，学会内心满足，自然就会活得自在。人生充满变数，只知奋斗不知享受生活的人其实很可怜，而为了一些身外之物弄得连命都丢了的人则是可悲。对事物的执着虽是一种很好的品德，但过于执着，则绝对是一种人生的不智。只要我们常常为自己营造一个快乐的心境，幸福就会接踵而来！

 幸福悟语：

幸福感的营造需要我们摒弃那些不利于我们快乐的因子，创造积极乐观的环境。人生的失意和悲剧来源于因得而喜，因失而怒。天道无私，有一得必有一失，如果不认为得失事关至大，又何必去认真计较。常说曲径通幽，每一处曲折后面都隐藏着一处美丽的风景。人生也是这样，曲折的背后说不定都隐藏着一个新的希望。

守住心灵的净土，维系幸福的感觉

我们总是期待着快乐，却不知快乐随处可见，快乐就在你点点滴滴的生活之中。在平时生活中，一位老朋友、老同学、老同事的不期而至，让人感觉到快乐无比；与友人畅谈人生，忆往昔岁月，让人有一种沁心舒畅的快乐。即使一个人没有什么快乐而言，那么想一想，活着本身就是一种巨大的快乐。

我们常看到有些人轻步在人群中，少言寡语，却感觉他们很幸福。其实，他们自己也从未细思量过，自己是否过得幸福，只是平淡地过着每一天，对待周遭的事或人，量力而行，不会苛求，也不会有太多奢望，只求平安、健康、分享、快乐。

偶尔想想，心中曾有的愿望，无论大小，被实现时，就会觉得：这样活着真好。比如多年失去音讯的同学突然有了联系，想见他乡的亲人等，心灵的净土得到守护，幸福感充盈我们的心间。

知足即幸福，它是一剂改善心灵的良药，是对幸福定义最完美的诠释，是取得一切幸福的源泉，也是得到快乐的绝妙法宝。一位哲人说得好："谁要是在内心里真正做到知足常乐，他就能获得一切幸福。"很多人不知道幸福的真谛和人生追求的最终目的就是快乐。知足者常乐，是发于人性的本真，是人们永远追求的精神基站。我们如能真正做到知足常乐，我们的人生便会多一份从容，多一些达观，生活里少一些抱怨和横眉冷对，多一些感恩和笑脸相迎，生活便会充满快乐和幸福。

关于幸福的道理古书多有记载，对那些困顿于世事而难以超脱的人而言，是一个很好的启发。在中国古代，许多知识分子的思想也往往是儒道释兼之，达则以儒道济世，隐则以佛老娱情。佛家的思想劝人安于平淡，教会了我们很深奥的人生处世智慧：对一个通达事理的人来说，能放下他人所不能放下的一切，是免去人生诸多烦恼的第一步。摒除无望的念想，守住一份心灵的净土，方可维系幸福的感觉。

一次课堂上，班主任老师通知全班同学："明天上课时，请每位同学都带上一个空袋子，同时还要买上20个土豆拿到班里来。"同学们一听，都犯起了嘀咕：老师这是怎么了？让我们背那么多的土豆来学校，是老师在出奇招，还是老师对土豆有特别的喜好呀？

第二天上课时，老师开始布置这一周的作业："请各位同学将自己平时不开心的事情都写在土豆上，其中包括烦恼的事情、不愿意原谅的人名，以及事发的日期。把写过烦恼的土豆都放到空袋子里，如果土豆的数量不够，你们还可以再增加。但是，在这一周里，各位同学不论走到哪儿，都必须带着这个袋子。"

最后，老师强调，只要认真去做，就会有奇迹发生。

同学们觉得老师布置的这个作业挺好玩的。快放学时，很多同学的袋子里已经放了好几个土豆了，他们把自己过去的烦心事，一件一件都写在土豆上，还发誓不原谅那些"对不起"自己的人。

在随后的几天里，同学们按照老师的要求，无论是在学校，还是放学回家，甚至和朋友外出时，都得扛着这个土豆袋子。一周后，装土豆的袋子开始变得相当的沉重，有些同学已经装了近50个土豆，真快把自己压垮了。同学们已经不再盼望发生什么奇迹了，都在眼巴巴地等待着这项作业快点结束。

一周后，老师开始总结上周的作业："同学们，你们整天背着这个土豆袋子，感觉怎么样？"同学们纷纷回答："感觉太沉重，肩膀都压红了……"

老师接着问："大家从中发现什么奇迹了吗？"

教室里鸦雀无声……

老师继续说："不肯忘记不愉快的事情，不肯原谅他人的过错，就是压在你们心里的土豆。每天心里背负着这么多的土豆，肯定很累，肯定心烦，我们不肯原谅的人越多，背负的担子就越沉重。请同学们想一想，摆在大家面前的这一大堆土豆，应该怎么处理呢？"

不少同学都在喃喃地说道："彻底丢弃它、不再背着它。"

"好！当一个人开始原谅别人，不去计较过去的得失，学会忘记昨天的恩怨时，奇迹就发生了，你们会觉得自己的心灵也开始变得轻松了，人也感到快乐和幸福了。"

这个故事里，说明要想守住心灵的那一片净土，就得舍弃那些让我们抓狂的东西。生活中很多的不快乐，就是源于我们紧抓着"土豆袋子"不放的结果。今天我们所有的不幸福，多数是我们不愿意放弃昨天的不幸记忆造成的，这是与他人无关的。

认真感受生活所给予我们的一切，品味着人生的酸甜苦辣，更是别有一番滋味。关键是有很多的人不愿去体会这种滋味，或者完全不会享受这些快乐。想一想，对一个濒临死亡的人来说，能活着就是最大的快乐，对于一个久卧病床的人，能够呼吸一会儿户外的新鲜空气，也觉得是一种快乐。为此，我们不但要善于享受自然的快乐，而且还要学会寻找快乐，或者为自己营造快乐，营造快乐，本身就是一个十分快乐的过程。我们只要拥有"真心、真诚、真情，真、善、美"的心灵，就会感觉到生活甜美。

我们可以随心所欲做自己喜欢做的事，听着自己最爱的音乐，想着自己心中最念的人。不受拘束，只要自信，无须华丽，只要平实，只要感动。听一首歌，读一页书，写一段情，都是生活的一部分。

人们生活的目的不尽相同，其实每个人都有自己的幸福，那些为生活而活着，或为活着而生活的人都是幸福的，只是经历不同，环境不同，态度不同，追求不同，梦想不同而已。他们的生活或平淡，或轰烈，则过于执着结果，忽略生活的细小过程，也许不曾感觉，其实幸福就在自己的内心处。

无论怎样要幸福，都要在一点一滴中感受，都要有一颗平淡而温婉的心灵，如纽带，连结你我他。幸福不是金钱，不是爱情，不是地位，是心灵，心灵幸福就幸福。

遇到不愉快的事都能泰然处之。遇到飞扬跋扈者，能进能退；遇到斤斤计较者，能宽容谦让；遇到看不惯的人和事，能坦然处之。做到心静如水，胸怀宽阔，把世间的一切变化都看得很平常、很坦然。学会知足常乐，过好人生的每一天，不抱怨生活不公，不哀叹命运多舛，要用最本真的生活信念和凡事想得开的乐观心态，去营造、欣赏、感悟生活中的美好，并能从中收获快乐。

 幸福悟语：

"随遇而安，顺其自然，营造快乐，享受人生。"人生无论发生什么变化，都能使自己较好地适应周围的生活环境，入乡随俗，随方就圆。俗语中说："只有享不了的福，没有受不了的罪。"就是这个道理。遇到比自己条件好的人，要以平和的心态去对待，守住我们那份心灵的净土。

活一天，就要活出自己的精彩

我们的世界是由众多的个体组合而成的多元化的世界，而不是全部都是强大、富有，也并不是只有一种音符、一种色彩、一种思想。其实在生活中强大也好、富有也好，包括每一种音符、每一种色彩、每一种思想，都有其存在的理由，那一种都不可或缺，就因为有了这种差异，才使得世界如此的美妙与精彩。那么。就认可我们自己吧，活出属于自己的精彩！

心理学家卡尔·罗杰斯曾说："人最想达成的目标，以及自觉不自觉地追求的终点，乃是要变成了他自己。"生命的个体由此有了新的特征，才成为全新的他自己。生命也并不因生理的成熟而成为一个停滞不动的物体，它依然在不断地成长，这是一个不断发现自身潜能并将这些潜能不断重新排列组合的过程。这个蜕变的过程，就是一个成为真实自我的过程。在此过程中，他一定会感受到生命的价值和生活的乐趣。

大自然里，花朵的色彩、小草的芬芳，让我们感受到世界的精彩与和谐，同时也让我们感受到活在这个世界不管是高贵还是卑微，只要是真的活出自己的精彩，那就是最好！

作为社会的个体我们该如何去把握社会发展的趋势，找准我们自己所处的位置，认清并发掘我们自身的潜能，适时地抓住能让自己发展的机会，去寻得属于自己的幸福。我们也更看重个体如何以积极开放的心态去体验自己的种种感受，包括痛苦、烦恼、失意和挫败，而不是惧怕和排斥这些负面的情绪。去试着接纳自己、信任自己，同时接纳他人，一个独特的自我、精彩的自我就能随我们心态的改变而全新打造出来。

请看下面一则故事：

2000年时，出生于意大利的索菲亚·罗兰，这位曾荣获奥斯卡最佳女演员奖项的伟大女性，被评选为千年美人。

索菲亚·罗兰是一位受全世界影迷喜爱的女影星，她主演的《两妇人》、《卡桑得拉大桥》在中国有广大观众。可是，在她16岁第一次拍电影时，却遇到了不少麻烦。

索菲亚·罗兰是一个私生女，知道自己缺陷不少。她在第一次试镜头的时候，就失败了，所有的摄影师都说她够不上美人的标准，都抱怨她的鼻子和臀部。没办法，导演卡洛只好把她叫到办公室，建议她把臀部减去一点儿，把鼻子缩短一点儿。一般情况下，演员都对导演言听计从。可是，索菲亚·罗兰却没有听导演的，她相信自己，对自己有信心，认为这就是她自己的特色。

在试了三四次镜头后，卡洛导演又叫索菲亚·罗兰上他的办公室。

卡洛导演以试探性口气说："我刚才同摄影师开了个会，他们说的结果全一样，噢，那是关于你的鼻子的，还有建议你把臀部削减一些，如果你要在电影界成就一番事业，你也许该考虑一些变动。"

索菲亚·罗兰对卡洛说："说实在的，我的脸确实与众不同，但是我为什么要长得跟别人一样呢?"

"我要保持我的本色,我什么也不愿意改变。"

"至于我的臀部,无可否认,我的臀部确实有点过于发达,但那是我的一部分,那是我的特色,我愿意保持我的本来面目。"大导演卡洛被说服了。电影不但拍成了,而且,索菲亚·罗兰一下子红火起来,逐步走上了成功之路。

这个故事向我们说明了,独特就是一种美,也因为独特,我们才体会到别样的幸福。"我为什么要长得跟别人一样呢?"确实是,在这个世界上找不到第二个与你完全同样的人,就如同这个世界上找不到相同的两片树叶。独特是一种美,你应该庆幸自己是独一无二的。

也许你想成为成功者和富有者,也许你也在刻意地改变自己,极力地模仿他人。但最终,你还是你,即使你再怎么改变,即使你模仿得再逼真,你始终还是你。世界上没有两片完全相同的树叶,这是无法改变的自然界的客观规律。既然人生不可能完全相同,那么又何必要耗尽力气让自己忧虑和烦恼呢?你为什么就不敢面对现实,为什么不能活出属于你自己的精彩,找到属于自己的幸福呢。模仿、攀比、欲望是对自我认知不足,是许多人产生痛苦的原因之一。认识自我是一种境界,它需要在自我认知中学会悦纳自我,而悦纳自我就是要全部的去接受自己与生俱来的容貌与形体。

年轻的时候我们常常会迷茫,不知道该选择怎样的生活方式。当内心没有希望、缺少目标的时候,我们会迷茫,甚至只能看见眼前很短的路程。给自己制定一个目标,三年、五年、十年的目标吧,并坚持走下去,你会获得意想不到的收获。

一个来自哈佛大学的研究者针对一群意气风发的毕业生们,进行了一次关于人生目标的调查。结果是这样的：27%的人没目标；60%的人目标模糊；10%的人有清晰较短目标；3%的人有清晰长远目标。

　　25年后，研究者再次对这群学生进行了跟踪调查。结果是这样的：3%的人，25年间他们朝着一个方向不懈努力，几乎都成为社会各界的成功人士，其中不乏行业领袖、社会精英；10%的人，他们的短期目标不断地实现，成为各个领域中的专业人士，大都生活在社会的中上层；60%的人，他们安稳地生活与工作，但都没有什么特别成绩，几乎都生活在社会的中下层；剩下27%的人，他们的生活没有目标，过得很不如意，并且常常在抱怨他人、抱怨社会、抱怨这个"不肯给他们机会"的世界。

　　人生旅途中的迷茫，源于我们对自己的不肯定和对目标的不确定；生命的不如意，是因为我们不够坚定。给自己设定一个人生目标，并且一直坚持走下去。快乐地过好每一天，做满意的自己。

 幸福悟语：

　　在历史的长河里，个体的生命不过是弹指一挥间；在浩渺的宇宙中，个体就如同一粒尘埃般微小。作为平凡的芸芸众生，我们极少能活得轰轰烈烈、流芳百世，但我们同样可以抓住幸福的尾巴，在有限的生命里，感悟生命，体味幸福，活出自己的精彩！

4.发现生活的美好
——善待亲情和友情

　　我们在家庭与事业、梦想与现实之间，常常会感觉疲惫和迷茫；在世俗的纷扰中，心灵被蒙上灰尘，理想逐渐消解，灵性悄悄沉睡，而我们所要追寻的那份幸福，仿佛已经成了一份遥不可及的梦想，我们不知道该如何获得它的垂青。但生活终究有美好的一面，它需要你去发现。不要在生活里出现不如意的时候，你就感到悲戚和伤感，发现未知的幸福，就要从我们身边做起，从亲人和朋友身上去找寻幸福，浓浓的亲情会让你倍感幸福，真挚的友情会让你勇气倍增。

父母永远是你最幸福的宝贝

尽管父母对子女的爱是无私的，不一定求子女的报答，但对幸福的人来说，尽孝是回报父母养育之恩的最好方式。幸福从来都是垂青那些懂得感恩、尽孝的人，也只有在浓浓的亲情之中，我们才会体味被亲情包围的巨大幸福。若想发现你未知的幸福，就时常回家看看，多为父母做些可口的饭菜，带父母出去旅游等，你会倍感幸福！

中国有句古语："百善孝为先。"意思是说，孝敬父母在各种美德中占第一位。一个人如果不知道孝敬父母，就很难想象他会热爱祖国和人民。

古人说："老吾老，以及人之老；幼吾幼，以及人之幼。"我们不仅要孝敬自己的父母，还应该尊敬别的老人，爱护年幼的孩子，在全社会形成尊老爱幼的淳厚民风，这是当代人的责任。

鸟有反哺情，羊有跪乳恩，人，身为宇宙之主宰，亦有感恩之心感激之情。对父母多一点爱吧，父母经不起太多等待。

父母无私地为我们付出，我们对父母的挂念又有多少呢？你是否留意过父母的生日？民间有谚语：儿生日，娘苦日。当你在为自己生日庆贺时，你是否想到过经受死亡般的痛苦，让你降生的母亲呢？是否曾真诚地给孕育你生命的母亲一声祝福呢？我们中国是一个文明古国，自古讲求孝道，孔子言："父母之年，不可不知也。一则以喜，一则以惧。"也就是讲，父母的身体健康，儿女应时刻挂念在心。

子路是春秋末鲁国人。在孔子的弟子中以政事著称。尤其以勇敢闻名。但子路小的时候家里很穷，长年靠吃粗粮野菜等度日。

有一次，年老的父母想吃米饭，可是家里一点米也没有，怎么办？子路想到要是翻过几道山到亲戚家借点米，不就可以满足父母的这点要求了吗？

于是，年幼的子路翻山越岭走了十几里路，从亲戚家背回了一小袋米，看到父母吃上了香喷喷的米饭，子路忘记了疲劳。邻居们都夸子路是一个勇敢孝顺的好孩子。

这个故事告诉我们，父母是我们最幸福的宝贝，我们从中获取的将是最愉悦的幸福。同时，孝敬父母可以使我们的身心获得巨大的愉悦，满足父母的心愿同样是满足了自己尽孝心的心愿，愿望一旦达成，怎么能不感到幸福呢？子路给现代人做了一个很好的榜样，现代人生活节奏快，跟父母相处的时间少之又少，甚至一起吃顿饭的时间也挤不出来。有道是"有的能等，有的不能等"，孝顺父母千万不能等。你是父母的一块宝，父母同样是你的宝贝，只要互相珍惜，浓浓的亲情会洋溢出幸福，历久弥香。

我们熟知的包拯不仅是位清官，还是位有名的孝子。包公少年时便以孝而闻名，性情敦厚。在宋仁宗天圣五年，即公元1027年中了进士，当时28岁。先任大理寺评事，后来出任建昌（今江西永修）知县，因为父母年老不愿随他到他乡去，包公便马上辞去了官职，回家照顾父母。他的孝心受到了官吏们的交口称赞。

几年后，父母相继辞世，包公这才重新踏入仕途。这也是在乡亲们的苦苦劝说下才去的。在封建社会，如果父母只有一个儿子，那么这个儿子不能丢下父母不管，只顾自己去外地做官。这是违背封建礼法规定的。一般情况下，父母为了儿子的前程，都会跟随去的，或者听从儿子和本家族的其他人规劝。父母不愿意随儿子去做官的地方养老，这在封建时代是很少见的，因为这意味着儿子要遵守封建礼教的约束——辞去官职照料自己。历史书上并没有说明具体原因，可能是父母有病，无法承受路上的颠簸，包公这才辞去了官职。

上述故事中的包拯，不管情况如何，他能主动地辞去官职，这说明他并不是那种迷恋官场的人。对父母的孝敬也堪为当今一些素质低下的人的表率。我们接触的故事讲得最多的是包公的铁面无私，反而把包公孝敬父母的事情给忽视了。

在这个世界上的芸芸众生中，我们可以没有朋友、没有同学、没有同事、甚至没有兄弟姊妹。但是，我们不可能没有父母。

父母赋予我们血肉之躯，养育我们长大，教会我们认识自己、认识世界。让我们成为对世界，对人类有用的人。我们也许现在还小，还不知道什么叫大恩大德，还不能真正体会到父母严格要求我们的真正含义，有时甚至觉得父母的要求有些苛刻。但是，在你成长的过程中，你只要记下你生活中感受幸福的一点一滴，你一定能感受得到他们那无尽的关爱。也许有一天你会发现——原来那个老是冲着自己发火的爸爸，其实是很爱自己的；在重重的伪装下面隐藏的是深沉的爱。

将父母当作我们最珍贵的宝贝，我们不但要很好地承担对父母应尽的赡养义务，而且要尽心尽力满足他们在精神生活、情感方面的需求。对于已经年迈的父母，更要精心照顾，耐心安慰。现代城市里有很多的老人，尽管儿孙满堂，在生活上不愁吃穿，不缺钱花，但是孩子因为工作的缘故几乎都不在身边，平时都很少见面，所以，父母在感情上最渴望的是能与家人团聚。有一首经典的歌中唱道："常回家看看，回家看看，哪怕帮妈妈捶捶后背，揉揉肩，老人不求子女为家作多大贡献，只求个平平安安，团团圆圆！"所以将来不管我们走到哪里，都要记着爸爸、妈妈，而且更要珍惜现在在他们身边的时候，多孝敬他们。

 幸福悟语：

父母为儿女操持大半辈子，无情的岁月侵蚀了他们的青春年华，"反哺"是当代人尽孝的最佳诠释。无论富贵贫贱，都不会影响你去孝敬父母，也许就是平常的一顿饭，或者是你回家给父母带的几件新衣服，或者是电话里几句贴心的问候，浓浓的幸福感就会洋溢在两辈人的心里。简单幸福，也不过如此。

给家庭一点"危机"，幸福将会不期而至

爱人由相识、相恋最终走到了一起，彼此选择了对方，至少是因为你们心中有了爱，因为爱有些人也会体验到那种刻骨铭心的感觉。当爱的时候，会因为爱而思念，也会因为爱而牵肠挂肚，更会因为爱而产生一日不见如隔三秋之感，这就是绵绵的幸福感觉。同时，因为爱而彼此欣赏的是对方的优点，忽略对方的缺点，因为这样的心态和视角，你也会觉得为彼此付出也是一种快乐和幸福。

十全十美的人在这个世界上从来就没存在过，不论是人也好，物也罢，都会因为人的欣赏角度的不同而在不同人的心中产生出不同的效果。欣赏对方，是因为你看中了对方的优点，这些优点吸引了你，所以，你可能因此会由喜欢而产生爱，因为这种爱，你会希望与对方牵手，希望与对方携手走进婚姻。如果你产生了不满，是因为你心中记住的多是对方的缺点，记住的是对方的不足，你将对方的缺点放大了看，有了这样的心态，心里也就难以产生那种幸福的感觉。维系家庭也是这样，家庭成员间产生了隔阂，互相反感、猜忌对方，整个家充满了浓浓的火药味，很难说，幸福会亲近他们。

　　每个家庭成员不可避免地都会有缺点。缺点在任何人的身上都会存在的，其实，有些缺点也具有相对性，你可能会感觉那是对方的缺点，为此而不能容忍和承受，而在有些人的眼里，这种缺点却又可能恰恰是其欣赏的优点。当男人吞云吐雾时，有些女人会不喜欢，也会产生反感；而在有些女人的眼中，却又恰恰会从中看到她所欣赏的那种男人的魅力。

　　家庭成员间的相处充满了"刚"与"柔"的较量，刚柔并济，会让你的家庭更和谐。如果你在河滩上漫步或者行走，你可能会看到让你眼前一亮的某块石头，因为它的光滑符合了你的审美观，你会有一种爱不释手的感觉。石头的光可鉴人不是与生俱来的，在长期与水相伴的过程中，石头原有的那些棱角因为水的原因而一点点地磨平了。水性至柔，石性为刚，刚柔相济，便有了和谐的相处。如果刚性的两物发生了碰撞，两者都会因此而受到损伤。刚遇到了柔，也就遇到它的克星了，再刚性的东西都会因为柔的缓冲而减缓彼此被损伤的程度。

　　小丽是个自我感觉幸福感很强的女人，她给我们讲述她自己的故事。

96

刚结婚的那几年，我们家住在一幢旧楼房里。那幢旧楼房年代已久远，由于楼道没有安装灯，每当夜晚来临时，整个楼道内黑漆漆一片。

有天晚上我和丈夫从外面回来，他先是探头探脑地看了看那黑咕隆咚的楼梯，然后，竟然提出让我走在前面。我一听，心里直发毛，就凭自己一个弱小女子，哪敢率先在黑暗中攀登楼梯呢？当即就躲在了他的身后。可是，丈夫仍然左一句右一句地劝着我，见我百口不应，他就底气不足地说自己从小就患有夜盲症，实在是看不清黑暗中的楼梯，如果我走在前面的话，他就可以凭着声音紧跟着我……

不就是在为自己的胆小懦弱寻找借口吗？我心里马上就升起了一股无名之火，二话不说，咬紧牙关就"噔、噔"地上了楼梯，丝毫不去理会紧跟在我身后的丈夫。尽管我上楼梯时愤怒把恐惧甩到了一边，但我的眼里却是一直含着眼泪。那晚，想了整整一夜我也没想明白：这就是结婚前口口声声说会爱我到地老天荒的那个人吗？

接下来，每逢我和丈夫一同在夜晚回来，走进旧楼黑暗的楼道时，我都是一言不发地先行踏上楼梯，任由丈夫跟在身后。终于有一天，当我和丈夫像往常一样一前一后走在黑暗的楼梯上时，没想到我的高跟鞋跟突然扭断了，黑暗中，我一把没抓住楼梯的扶手，一下子就往后面倒去。这下子可惨了，还没等我惊叫出声来，却感觉自己的身体猛地踏实了下来，从惊吓中醒过神来，才发觉自己已在丈夫的臂弯里了。

一回到家，我就问丈夫："你不是有夜盲症吗？怎么就能准确地接着我呢？"只见丈夫嘿嘿一笑，对我说道："每次上楼梯时，我都怕你会摔着碰着，可若提前说你会摔着的话，你岂不嫌我说话不吉利？所以我只好说自己有夜盲症了……"

自此以后，每当我和丈夫在夜晚踏上那幢旧楼的楼梯时，我总是放心地走在前面。虽然那段楼梯一直是漆黑漆黑的，但在我心里，那段楼梯无疑是天底下最亮堂最幸福的楼梯。

这个故事为我们展示了一段美丽的爱情佳话，爱情由于"偏见"和"误解"而更加融洽，也因为刚开始时候让"妻子走在黑暗楼道的前面"而产生"信任危机"，但当真相大白，幸福像春风一般迎面扑来，那种感觉让人的内心感受是十分畅快的，幸福也由于彼此默默地付出而更显珍贵。夫妻双方彼此信任和爱护，相互帮扶走过漫长的岁月，不因争吵而破坏彼此的感情，不因细微小事而让幸福溜走，这是最烂漫的幸福。

造成家庭危机的原因有很多，但若真爱你的爱人，首先应该学会做好自己在职场角色和家庭角色之间的转换，不要把工作的情绪带回家中，平衡好两种角色，为你们的幸福掌好舵。

我们都希望家庭和睦，不希望出现家庭危机而丢掉幸福，这个问题其实是家庭成员之间的关系问题。家庭成员之间的关系包括：夫妻关系、父子母子关系、兄弟姊妹关系、爷孙婆孙关系、婆媳关系等。这些关系中，夫妻关系是基本，相爱的夫妻只有互相体谅、互相关心和理解，幸福、和睦才能长久。家庭成员相处又是一门技巧，真诚与善意的谎言同样重要，设身处地地替别人考虑与正确对待不良回应，更是一种发现未知幸福的新境界。

 幸福悟语：

夫妻间的相处充满了"刚柔并济"，一次大水不会使石头的棱角立时发生改变，那些棱角却会因为至柔的一滴一滴的水而在不知不觉中消磨成鹅卵石。水富有柔性，水能以柔克刚，再硬的石头也得发生改变。发现家庭中的幸福，既要有彼此间的感情信任，也要有至柔的关系处理方法，如此才会让你的生活更多丰富多彩！

别忘了，家永远都是你最温馨的避风港

在我们每个人的心目中，家的概念涵盖了整个人生。无论贫富贵贱，逆境坦途，只要你降生到这个世界，就与家发生着关系，丝丝缕缕无时不萦绕在心间。家，是亲情的花园，是友情的驿站，是爱情的暖房！我们从家的氛围中感受幸福，无论走到哪里，都能感受到幸福的家所投射的光芒！

家是我们心灵的归宿，是每个人迈向成功的根基。远走他乡之时，家是游子内心深深的眷恋。当寒冷的冬季来临时，我们最先想起的也是那家的温暖。走在回家的漫漫长路上，我们会忍不住幻想：在不远处有一盏明亮的灯在守候，或是有一杯温暖的香茶在期待。夜虽冷，风虽寒，但每当想到那温暖的家，我们的内心深处就充满了无限的依恋与力量。

家是什么，是人和固定的住所吗？仅有这两个还不够。爱情缠绵、亲情牵挂、故土情怀，便是人文的东西从物的现实存在中升华起来的意识形态，这种形态形成的是一种有磁性、有引力的"场"，我们把它叫作"家场"。你之所以觉得家是"港湾"、归家之心似箭、身无后

顾之忧，是因为不管你走到哪里，"家场"的半径就会延伸到哪里。你漂洋过海远走异国他乡，"家场"的半径就扩大为"国场"延伸到了国外。"落叶归根"正是这种"场"在起作用。正是其赋予了情感的比喻。因此，人、固定的住所、情感三位一体，才是家的全部意义。没有人的家，冷清得如同一处待售的房子；没有房子，人的处境就跟流散于荒野里的鸟兽一样；没有情感，有家也不想归。

请看下面一则故事：

自从搬进了新家，这对夫妻的矛盾也开始不断升级。丈夫的想法是，奋斗了这么多年，好不容易有了一套自己的房子，装修一定要新潮、豪华、气派，这样，请朋友们来家里做客，才更有面子，让大家瞧瞧，我们也混得不错。妻子却现实得多，她认为房子是自己的家，不是用来给别人参观的，房子布置简洁、方便、舒适就好，况且，银行贷款压力很大，装修时能省就省点。

由于各执己见，最后只好折中处理：妻子设计，请装修公司施工，简单装修。双方都是一肚子意见。整个装修，都是妻子一手操办，丈夫没有兴趣。

终于装修好了。完工那天，丈夫被妻子拉去验收房子。装修一新的房子，简洁大方，但是，在丈夫看来，很寒酸。丈夫曾经参观过很多朋友的新居，人家那才叫豪华气派，再看看自己这个家，多简单，多单调，多没情趣啊。丈夫冷冷地甩了这么一句，就这么得了吧。

夫妻之间因家电的购置而再次爆发矛盾。丈夫坚定地认为，房子已经装修得这么寒酸了，家电无论如何要有档次，要来一场彻底的革命，原来结婚时购置的家电家具全部淘汰换成新的。妻子苦口婆心做丈夫的工作，买房子、装修，已经将家底掏空了，结婚时的家电家具，基本上都还能用，扔了太可惜，而且陪伴了这么多年，也有感情了。妻子坚持只要添置一两件必要的新家电，再点缀些小摆设，新家一样会很温暖。

丈夫认为自己已经作出很大让步了，这次再也不能退让。妻子很委屈，为了这个家，妻子呕心沥血，却处处吃力不讨好。

选择什么样的沙发，导致了矛盾的升级。丈夫看中了一套价值两万多元的真皮沙发，那套真皮沙发宽大、气派，坐在上面，有王者风范，如果家中来了客人，坐论天下大事，二郎腿翘翘，多有面子，多惬意；妻子却喜欢布艺沙发，晚上回到家，一家人坐在上面，看看电视，聊聊天，妻子织织毛衣，多舒适多温暖。谁也说服不了谁，丈夫埋头抽烟，妻子黯然神伤。

朋友正好来串门，听了两人各自愤怒的诉说，朋友笑了。朋友问了夫妻俩一个问题：沙发是用来干什么的？丈夫说："朋友们来家里坐坐，侃侃大山，聊聊天。"妻子说："一家人坐坐，看看电视，聊聊天。"朋友又问丈夫："你的朋友们多久会来你家里坐坐？"丈夫说："一个月总有两三次吧。"朋友又问丈夫："那么，你和太太、孩子，多久会在家里坐坐？"丈夫想了想："我不出去应酬的话，都会在家，妻子和孩子，每天都在家，也许，每天都会坐沙发。"

朋友笑着说："问题就在这儿，太太和孩子，每天都会坐坐沙发，自然希望沙发舒服些，温暖些，随意些，而你更注重的是屁股下面的价值，是气派，是面子。这就是你们很多问题的症结啊。"

丈夫若有所思地低下了头，最终按妻子的意图购置了新沙发。

这个故事中向我们提出了一个问题，为什么很多人家的房子豪华奢侈，却缺少温暖？那是因为很多豪华气派的沙发，并不是用来提升我们的幸福，抚慰我们疲惫的身心的。很多时候，人们为了可怜的虚荣心，就会漠视沙发的真正用途，忽视了家的真正含义。最终，他们远离了幸福，成为了虚荣的奴隶，不能享受家庭所带来的欢乐和幸福。

家是我们心灵的港湾，父母、妻子丈夫、孩子都是你所应当珍惜的。如果真的太忙，以至于不能回到亲人的身边，那么，至少拿起你的手机，让无线的电波承载你的孝心和爱心，去抚慰一下他们牵挂的心吧！不管将来现在，大家小家，不要忘记惦着你的亲人，时常回到他们的身边，或者让你的声音温暖在他们耳畔也好！这样踏实、温馨的家，才永远都是最幸福的港湾。

 幸福悟语：

外面的世界虽然十分灿烂、万般精彩，但那如梦般的世界里却充满了太多的梦幻与遐想。都市的生活有时就像一面引人沉醉的镜子，常常会让我们心中的希望迷失在扑朔迷离的森林里。其实在生活里、在工作中、在人生路上，每颗心都在接受现实世界的考验：有人拼搏，有人放弃；有人成功，有人失败。但家却永远是每一位都市夜归人最最温馨的港湾。

和孩子一起感受纯真和幸福

孩子是我们生命的延续，是爱的传递，是人类繁衍的种子，教育和培养好我们的孩子，是为人父母的责任，也是我们生命中的一项重要的事业。孩子是纯真的，他们的眼睛里闪耀着自豪的光彩。孩子的教育、成长、生活，都会潜移默化地影响着我们，关注孩子吧，他们会让你更加幸福！

我们都是从孩童阶段走过来的，那些过去自己在童年时候拥有的愿望和感受，因父母的限制而遗留的愿望和痛苦，如今怎么都已经忘记了？现在自己做了父母，就不要再给孩子那么多的压力，而是给他们快乐，与他们一起感受纯真和幸福吧！

与孩子相处益处多，从成功学的角度来看，我们发现那些拥有财富的人，往往都是对于家庭付出比较多，和子女的相处时间也比较长。比如说，李嘉诚和子女的关系就比较好，和自己太太的关系也比较好。一个人如果长期忽略了自己的孩子，反而不容易有很好的前景，尤其不容易有成功前景。

我们发现，常跟小孩在一起的老人，大多是精神状态很好的人。从健康的角度来看，一个人要想身体健康，尤其是要预防高血压、冠心病、癌症、糖尿病、类风湿性关节炎等这些重大疾病的时候，最好的办法就是和亲人在一起，如果你能经常地和孩子在一起玩，那你得重大疾病的几率是最低的。所以说，和孩子一起生活是防治疾病的第一有效方法。

我们不必总对孩子一本正经，要多和孩子一起欢笑：因为笑声能让孩子更加热爱生活；引导孩子积极、轻松愉快地看待事物。给孩子讲故事，要有耐心，故事有一定的教育意义。耐心地跟孩子相处，你会收获很多。请看下面一则故事：

在一个夏日的早晨，公园里的喷泉喷出来的水珠在阳光照耀下形成绚丽的彩虹。一个年轻的母亲后面跟着一个长发的小女孩，急匆匆地从小路上走来，忽然，这个小女孩张开了双臂大声喊着："妈妈，等一等，你看这里有多么漂亮的颜色。"母亲伸出手去拉她女儿的手，她催促道："快走，我们要赶不上汽车了。"但当她看到女儿小脸上的欢欣时，她的心软了下来说："好吧，过不了多久，就会有下一趟车的。"她蹲下去搂着女儿时，这位母亲的脸上洋溢着欢欣，那种少有的欢欣。是那种只有和我们所爱的人在一起分享美妙的事物时，才显现出来的那种特别的欢欣。

整个故事里，我们发现最快乐、最有观察力、最富有创新性的孩子属于那些常常分享彩虹之美的家庭。身为父母我们要帮助自己的孩子去欣赏这个世界的神奇与美妙，才能与孩子一起体味幸福的滋味。

对孩子来说，当父母亲或祖父母和他们一起分享他们自己的发现时，他们会长久地记住这一时刻，因此，我们要尊重孩子的热情。

有一天，海滩上看到一个小姑娘，大约十一二岁的样子，正在水边捡石头，然后把石头拿到她母亲那里去，她们坐了下来，头倚着头，小姑娘兴奋地辨认着她的宝贝。后来，跟这母亲聊起来："你一定对石头很感兴趣吧？"她回答说："这是丽丽的兴趣，现在是石头，下个月可能是贝壳或野花，她需要有人倾听她讲话。"当我知道丽丽是个出类拔萃的学生，班级里的小科学家时，一点儿也不感到惊奇，在她的生活中总会有无数崭新的东西等待着她去发现。如果遇到机会，孩子们常常会急切地分享他们的兴趣，母亲在他家的后院刚翻出来一块10米见方的草地，给自己和她的两个孩子各买了一个10倍的放大镜，每天一起观察那块地方。这个母亲说道："这些放大镜打开了一个新天地，我们看到了具体的变化，对雪花、蓝色鸟的羽毛，以及蝴蝶翅膀上美妙的花纹惊叹不已，我们发现了奇异的野草和生长在花中间的花，甚至一朵雏菊黄色的花蕊上也堆满了成百上千的黄星星。"

上述故事让我们体会到幸福是美好童年不可缺少的，幸福是一种积极的心理感受。孩子的幸福是与孩子精神世界的成长联系在一起的，我们和孩子进行交流，思想放得单纯和简单，幸福就会来敲门。

我们要关注孩子的身心发展，一切有利于孩子精神世界成长的活动，一切与孩子的身心发展需要一致的活动，都可能带给孩子极大的幸福。一切违抗孩子成长内在力量的、外在强加的活动对孩子来说均无幸福可言。

幸福的感受能引发孩子不断创造、探究和成长。那么我们家长该如何与孩子一起感受幸福呢？

首先，我们要做孩子的倾听者。培育孩子不同于培育任何其他的生命，孩子需要父母和他们一起成长。和孩子一起成长的奥秘其实就是对这一严酷事实进行毫不妥协的颠覆——互换角色，让孩子成为自己"认知"和"情感"发展历程的"布道者"，而做父母的要努力成为孩子成长过程中每一阶段的"倾听者"，一个真正的、积极的、平等的，值得孩子信赖的"倾听者"。成功的父母无一例外首先必须是成功的"倾听者"。

其次，对孩子的爱要有条件的"界限"。孩子们需要得到无条件的爱，而无条件并不意味不设定任何界限，相反，设定界限是向孩子表示他对你来说很重要。当一个孩子越界时，可以向他表明你对他的这种行为而不是他本身感到失望。随着孩子的成长，对他们限制的界限应当也随之放宽些。

再次，及时纠正孩子的行为。当孩子做错事情，我们要及时地纠正，给予正确的引导。我们不能逃避责任，如果我们无视他人的权利或失言，孩子也就因此失去了行为的向导。我们在生活中须注意言行举止，为孩子树立良好行为的榜样。

孩子是纯真和天真无邪的，培养孩子的同时也在反省着我们自己的行为，跟孩子在一起，感受那份纯真和快乐，用那孩童般的心灵去探知未知的世界，用孩童的眼睛去看待世界，将复杂看成简单，将微不足道的小事当作惊喜，我们就会很幸福！

 幸福悟语：

那些忙碌的人们，自以为跟孩子在一起耽误时间，为了自己的事业、为了自己的健康，应该拿出一定的时间去陪孩子。孩子是鲜活的生命，他们需要得到关注，他们不应被冷落。虽然生活的重担让我们倍感疲倦，但你只要抽出一小会儿时间与孩子进行交流，或一起游戏，或提问，或坐下来与孩子聊天，那么，幸福就会很快洋溢你的心间！

长长帮扶路，绵绵手足情

兄弟姐妹仿若天上飘下来的雪花，落在地上，化成水，结成冰，就再也分不开。苦难来袭，我们紧紧相连，互相依靠。感谢那些寒冷和冬风，让两片雪花融合一起便不再分开。手足之间相互关心、帮扶、取暖，给了我们心底间最真挚的激动与感恩。体味幸福，就让我们用微笑的心说永不分离吧！

我们生活在世上，有很多难舍难分的亲情，如父子情、母女情、兄弟情、姐妹情。自古至今，最为称颂的是手足同胞情，拥有一个同胞手足是一件多么幸福的事情，你将会深深感受到这份血浓于水的亲情。

手足之间血脉相连，一生中除了父母最亲近的就是你们，这是人生最难得的缘分。在父母眼里，手足原是一体，假使稍有不和，父母心里就会难过。所以父母看到手足友爱，内心自然快乐。手足之间彼此互相照顾，手足间相互争夺反而倒是人间的惨象，背离了幸福的真谛。手足应时时体念是同一个父母所生，本来就是一体，至亲骨肉是不能分开的。明白了这个道理，当手足之间发生争执时，自然就不忍心再争吵下去；对于一些小财小利，自然也能够看得比较轻。

我们享受到世间的美丽，更能真切地感受到来自手足的关怀，手足的力量，手足的温暖，手足的庇护，使得我们的道路走得更加稳当，内心的不安也随着手足的支持而烟消云散。请看下面一则故事：

汉朝的时候有个人叫田真，他有两个弟弟，父母过世后，兄弟三人准备将父母遗留的财产分成三等份；就连堂前那棵紫荆树也要分，而且预定第二天就要动手。说也奇怪，就在田真兄弟决定之后，这一棵紫荆树却突然枯萎。田真看了感到非常震惊，就跟他的两位弟弟说："树木同株，听到自己要被分割成三份，就憔悴枯萎，难道我们人不如树木吗？"田真说着悲从中来，忍不住哭了起来，兄弟三人因此决定不再分割紫荆树；这棵树一听到田真兄弟说不分割了，就又活了过来。兄弟三人因而感悟，从此以后财产共有，再也不分家了，而且愉快地生活在一起，邻居们都称赞他们一家是孝门。

这个故事道出了手足情意的深意，树木同株，分割必将死亡。要知道兄弟属于天伦之一，所以古人将兄弟比喻成手足，而手足就有不相分离的意思；因为，分离就会分散，分散就会孤单，而孤单就接近于灭绝。手足间相互扶持，才可获得幸福感。明朝王阳明先生曾说，舜能够感化同父异母的弟弟象，最重要的关键，就是不去看象的不对之处。

在一次战争中，一个在战壕中的士兵对他的长官说："长官，我的弟弟在前面战场上倒下了，我请求让我过去救他。"他的长官说；"你不要去了，你看外面子弹横飞，非常危险，而且看他的样子恐怕已经死了，你去了，不过是白白浪费自己的生命。"

但是这个士兵非常坚决地说："不行长官，我必须去，因为他是我的亲弟弟！"长官最后没有办法只好让这个士兵冲出去救他的兄弟。最后，几乎是奇迹般的，他居然在枪林弹雨中把他的弟弟背回来了！可惜的是，他的弟弟已经死了，而他自己也身负重伤，很快就不行了。那个长官很惋惜地对他说："你看，我说他已经死了，你非要去，现在你也不行了，你说这样值得吗？"这个士兵用自己生命最后的力气对长官很坚定地说："我觉得值得，长官，因为我到他身边的时候，他还没有死。他当时的最后一句话是：哥哥，我就知道你会来……"

从故事可以看出，手足情是最真切的亲情，到最后一刻也不会放弃对方的亲情。也许每个人的内心都穿着一件亲情的盔甲，抵御外力的冲击，以致皮外的伤痛也无法让我们哭泣，那么手足就是我们的盔甲。我们或许有太多的不幸，但也许是命运的眷顾，在我们因病痛而失去太多的时候，给了我们足够的亲情来弥补我们的伤痛。除父母之情，还有手足之情的呵护。

手足情与生俱来，却偏偏容易被人忽视。因为与爱情相比，手足情永远不可能浪漫；与友情相比，手足情显然不够侠义，但这份生死不变的血脉之情却是一个人成长的根底，它让我们更加能够体味幸福的滋味。

 幸福悟语：

"兄弟姐妹仿若从天上飘下来的雪花，落到地上，化成水，结成冰，便再也分不开了。"纵使人生有再多的坎坷、再凉的冷风，手足情永远是心底最温暖的向往，让我们的心永远保持热烈的跳动。珍惜你的手足情意吧，纵使世界再怎么对不住你，也会有最支持你的那个人在默默关注你。

发掘幸福源泉，守住友谊方寸之地

朋友关系是我们重要的幸福之源之一，有助于帮助我们提高个体的积极情感，它所产生的积极情感是最普遍的一种幸福来源。朋友关系有助于促进我们的生活满意度和幸福感，朋友的数量、挚友的数量、共同活动的次数、联系的频率等因素也同我们的生活满意度和幸福感之间呈正相关的关系。因此，我们在发掘未知幸福的同时，守住友谊的方寸之地必不可少。

拥有友谊的人多数是幸福的，他们认为幸福如同空气一样无处不在。父母的关爱，老师的赞许，同学的认可，他人的理解，自己战胜困难……这些都是幸福。人生难得有一知己，幸福莫过于有一良好知己，可以让我们互诉衷肠、分享幸福，这样的知己就是友谊。朋友无处不在，死党无可取代，幸福被我们随身携带。

友情是幸福感的一个重要来源，我们获得情感支持的重要方式，就是通过与朋友分享快乐与忧伤，将孤独等负面情绪降到最低，消除我们的消极情感，提高幸福感；在遇到困难时，朋友之间互相鼓励、支持和帮助，我们就能充分感受到需要与被需要、支持与被支持的积极情感，通过友情增强自我满足感和生活满足感。

亲密的友谊可以让我们增强自尊、提高自信，人们选择品质、技能和价值观方面与自己很相似的人做朋友，可以增强他们对自己的评价。建立互信关系能够满足人的归属需要，因此令人感到幸福和满意。

请看下面一则故事：

有四个女孩小东、小南、小西、小北，她们是如影随形的好朋友。从初中到高中，从高中到大学，四个好朋友形影不离，不管缺了谁就像一只漂亮的碗碰了个口子一样地不完美。十几年的时间不但为她们储蓄了丰富的知识，也为她们储蓄了深厚的感情。彼此关怀，彼此信任，彼此倾诉。生活就像一张美丽的大网，而四个女孩就在美丽的大网里编织着精彩的人生。

转眼间毕业在即，眼看就要各奔东西，女孩们恋恋不舍，可天下无不散之宴席，十几年同窗终须一别。到了临别的最后一天晚上，四个女孩决定每人写上一句祝愿的话，放在一个罐子里，埋在她们经常去学习、玩耍的那棵大树底下，等到以后四个人聚在一起的时候，再把它挖出来看看那些祝愿是否变成真实了。罐子埋好以后，怕被别人发现，女孩们又在上面铺了一层树叶，而后四人抱头痛哭了一场。

光阴飞逝，一晃八年过去了。女孩们都已为人妻、为人母，同时也在各自的公司中担任着重要的角色。在这八年中，她们从没见过面。

也许是生活的压力太大，工作的竞争太激烈，时间对她们来说变得尤为宝贵。在这紧张的社会中，友谊渐渐地被忽略，大树底下的祝愿也越来越模糊。

一次偶然的机会却又让四个女孩聚到了一起。一位海外华侨要回国内投资大笔的资金以回报祖国，准备在自己的母校召开一个竞选会，届时将会在其中挑选一个公司作为投资对象。

四个女孩同时接到了这个消息，她们都对自己充满了信心，况且华侨的母校正是她们的母校。四个人带着满怀的把握与难以抑制的兴奋踏上了回母校的路。

她们没想到再次的重聚竟是这样尴尬的局面，一下子竟无所适从。但眼看着离竞选会的日子越来越近，她们也顾不得重览母校的风采与共叙昔日的友谊，各自忙着准备材料、文件以及各种各样的对自己公司有利的业绩。她们的认真、仔细、真诚也着实给华侨留下了美好的印象。可是投资的对象只有一个呀，四个人都陷入了极度的烦恼之中。

在竞选会前一天的晚上，她们又聚到了一起。四人沉默不语。本来都想要求其他三人把机会留给自己，可到了一起却怎么也说不出口了。最后还是小南提议说："还记得当年那棵大树下的祝愿吗？不如我们先打开看看吧。"大伙都同意。于是趁着皎洁的月色，她们又来到了那棵大树下，大树还是依旧。四个人一起动手把罐子挖了出来，打开，又把一张张纸条打开。四个人都震惊了，因为每张纸条上写着的竟是同一句话"愿我们的友谊天长地久"。那一夜，四个女孩又抱在一起痛哭了一场。

几个月后，小东、小南、小西、小北四个好朋友各自辞了职，成立了一家东南西北联合公司，正是那位海外华侨投资的。

这个故事给我们展示了来自于真诚的友谊的幸福，是最令人难忘和舍弃不下的情感。四个女孩在利益面前没有被友情的力量打败，而正是由于真挚的友谊感动了华侨，同意给她们提供一个平台，创造更加幸福的未来。要问人世间什么最幸福，她们肯定会说是友谊。

古往今来，人们从友谊里体味幸福的故事数不胜数，歌颂友谊的诗句也让我们百听不厌，比如李白的"桃花潭水深千尺，不及汪伦送我情"，苏东坡的"但愿人长久，千里共婵娟"，王维的"劝君更尽一杯酒，西出阳关无故人"，王勃的"海内存知己，天涯若比邻"，等等，人们品味着这动人的诗篇，深深感受着他们对幸福情谊的表达，演绎着一幕幕动人的篇章。

国外也不乏享受友谊的幸福者，马克思和恩格斯算是一对。他们在国际共产主义的伟大斗争中，团结作战，患难与共，建立了真挚的友谊，并在事业的征程上获取他们的幸福。列宁赞扬他们是"超过了古人关于友谊的一切最动人的传说"。因此，爱因斯坦说："人生最大的幸福莫过于有几个头脑和心地都很善良而正直的朋友。"

友谊可以给我们一个成功的支点，我们应该珍惜朋友之间建立的友谊，拥有它就是无价的财富，失去它，无论谁都将一贫如洗。拥抱友谊，就是拥抱了幸福。

 幸福悟语：

在你遇到困难的时候，在你伤心的时候，在你最无助的时候，是谁帮你想办法，是谁在一旁安慰你的，是谁在鼓励你的，他们就是朋友，是友谊的杰作。如果你没有这些朋友你会很孤单的。如果人世间缺少了友谊世界会变得很枯燥，如果世界上没有了友谊整个人间都会变成很黑暗的世界，同时我们也变得很脆弱。让我们共同来珍惜这美好的友谊吧！

真诚与分享的味道才是友情的真正味道

幸福由我们生活本身决定，每个人都有亲和的动机。人们交际的需要造就了这个动机，这便是在社会生活中，都想着与他人亲近、交流、往来以获得他人的关心、理解、合作。当人们的交往行为得以顺利进行时，个人就感受到安全、温暖、自信。当他的交往行为受到挫折时，个人就感到孤独、无助、焦虑和恐惧，也就缺少幸福。人与人之间不仅需要和谐，还需要真诚的分享，幸福的氛围才会被营造。

一份快乐的友谊同拥有一份美好的工作同样重要，缺少友谊往往意味着你的快乐只是你一个人的快乐，没有分享就不会体味幸福。久而久之，你会发现你的快乐正在逐渐减少，你正在变得孤单。

生活中，只有明智的人才能掌握幸福的真谛，做个明智得体的人，会让你变得更有味道。对待友情也一样，以真诚待人，分享彼此成果，并不是企望别人也以真诚回报；如果我们的动机是凭借自己的真诚换到别人的真诚，这件事本身已不够真诚。友情是晶莹透明的，它不应该含有任何杂质。不错，真诚与分享才是友情的真正味道。

友情不应被利益的驱使而蒙上阴影。真诚，有时会使你的利益受到损害，即使如此，你的心灵深处也会是宁静的；虚伪，有时会让你占到便宜，即便如此，你的内心深处也是不安的。友情，是一个容易被人忽略的因素，在关键时候，它可以给我们一个成功的支点，真诚与分享会给你带来更多的快乐。

请看下面一则故事：

据说一位酷爱打高尔夫球的犹太教长老，在一个安息日，他觉得手痒，很想挥杆，但犹太教义规定信徒在安息日必须休息，什么事情都不能做，包括高尔夫球运动。

这位长老终于忍不住，决定偷偷去高尔夫球场，想着打 9 个洞就好了。

由于安息日犹太教徒都不会出门，球场上一个人也没有，因此长老觉得不会有人知道他违反教规。

然而，当长老打第 2 个洞时，却被天使发现了。天使生气地到上帝面前告状，某某长老不守教义，居然在安息日出门打高尔夫球。上帝听了，就跟天使说，会好好惩罚这个长老。

从第 3 个洞开始，长老打出超完美的成绩，几乎都是一杆进洞。长老兴奋莫名，打到第 7 个洞时，天使又跑去找上帝："上帝呀，你不是要惩罚长老吗？为何还不见有惩罚？"上帝说："我已经惩罚他了。"

直到打完第 9 个洞，长老都是一杆进洞。因为打得太神乎其技了，于是长老决定再打 9 个洞。天使又去找上帝了："到底惩罚在哪里？"上帝只是笑而不答。

打完 18 个洞，成绩比任何一位世界级的高尔夫球手都优秀，把长老乐坏了。天使很生气地问上帝："这就是你对长老的惩罚吗？"

上帝说："正是，你想想，他有这么惊人的成绩，以及兴奋的心情，却不能跟任何人说，这不是最好的惩罚吗？"

这个故事说明了，我们的生活需要伴侣，不管是快乐还是痛苦都需要有人分享。不论你取得多大的成绩，遇到怎么样的困惑，没有人分享的人生，都是对人的一种惩罚。友情就是这样，为我们架起了沟通和分享的桥梁，幸福才会准时来临。

我们不但要重视内外兼修的自身修养的时候，更要重视经营人际关系，注意我们外在为人的口碑，使自己在人际交往和工作中游刃有余。珍视我们的友情，就是毫无保留地分享朋友在生活中的点点滴滴，分享彼此的快乐和幸福。也许还有人说，古人的世界里是明净潇洒的，他们的友情是真挚不容怀疑的。在他们的年代里，没有如今社会的虚伪和腐败，有的只是一份轻松的洒脱。一转轴，一拨弦，抒写一段旋律；一高山，一流水，成就一段传奇。钟子期、俞伯牙的高山流水成为一段神奇，他们的知音之情，不管沧海桑田，还是天上人间，他们用分享谱写了生命的乐章。俞伯牙与钟子期他们不在乎世俗的繁杂，他们只是用七根琴弦和一双耳朵，将喜怒哀乐都倾注于此。分享着彼此的心情和幸福，所以，他们的幸福一直在弥漫，所以当子期去世时，伯牙才会发出"知音不在，我鼓琴为谁"的感慨，那又是一种怎样的失去知音等于失去幸福的境界。

快节奏社会里的我们，已越来越失去了与人分享的本能，虚荣和欲望把我们的心牢牢禁锢。哪怕有一点缝隙，我们也会立即补好。这是我们所悲哀的事情。幸福已离我们渐行渐远了，所以，纵使身边不乏朋友，我们常常也会觉得不幸福。

当我们有灵感想和大家分享的时候，不乏将一些关键字眼写在笔记本上或存在手机里，这是积累素材一种很好的方式。灵感稍纵即逝，一定要在灵感光临的时候好好把握住！一位幸福人士曾说"乐于分享是一种境界的突破"，分享是很有意思，同时也锻炼我们的心智。

我们的心灵通过分享得到不断净化提升，不会给自己带来负面心理的余地。分享的东西是我们所知道的，是我们投入时间和精力学来的，分享意味着我们做到无私地把它分享出更高的价值，这是很伟大的。同时，分享意味着我们要不断去追寻新知，这很重要。只有用心生活，用心体会，才能不断有新的东西分享。这就是善于借用外力来完善自己的表现。在我们分享的过程中，学会了理智地判断，深入思考，从而进一步提升思绪。这很重要，自己要了解自己，这是一个不断学习的过程。

　　其实，友情的幸福离我们很近，是初为父母看见新生儿的喜悦；是球赛获得胜利的瞬间；是成功喜悦地与人分享。将我们心门打开一点点，让真诚和分享的阳光洒进来，我们就会很幸福。

 幸福悟语：

　　我们追求的幸福不只在于"得到"这一结果，在执着追求的过程中也会体验到"真诚"与"分享"的乐趣。尽管我们每个人对于幸福的定义不尽相同，真诚是抓住幸福的关键这点是相同的。要让别人感受到你的真诚，分享你的喜悦和故事，幸福才会一直延续下去。真诚与分享，就是它常常放射出比智慧更诱人的光泽，有许多凭智慧用尽千方百计也得不到的东西，友情的力量却轻而易举就得到了。

真正的朋友，一生的宝贵财富

在我们的精神天空中，友情不是飘忽而逝的云彩，而是云彩背后一片洁净的湛蓝。友情在人类精神的坐标中，不是偶然，而是永恒。真正的朋友，他会像你自己一样关心你，像我们须臾不停的呼吸，伴随在生命的韵律之间。友情之心，是人类心田中最美的种子，它发芽之后，开出爱之花，结出爱之果，是我们一生中最宝贵的财富。

朋友让我们快乐，和几个亲密可靠的人保持友谊，与一个人的幸福感关系密切。最幸福的年轻人中，他们最与众不同的特点在丰富充实的社会生活，他们花费了相当多的时间和朋友聚会，他们本人与朋友都评价他们为善于交往朋友和维护友谊的人。

有些朋友虽然不常联络，却可以偶尔寄个 E - mail、也许是一些笑话、温馨小品，或是小游戏给你，这表示他一直在关心着你，他将你放在心里，也珍惜彼此的友谊。因此，我们要时时抱持感恩的心，珍惜友情！走好每一步，身行善事，珍惜缘分。

朋友间互相珍惜彼此，享受着幸福带来的成果。懂得幸福的人更可能被别人选择做朋友和信任的对象，因为他们作为同伴比愁眉苦脸的人更具有魅力，而且他们更多地帮助别人，而心情郁闷的人只关注自己，少有利他心理。朋友间建立相互信任关系满足了人的归属感需要，使人感受更多幸福和满意。再者，亲密的友谊提供了社会支持，交往几个好朋友并且与他们建立密切的联系，让自己孤寂的心灵有了安放之处。

　　生活中，人们往往选择那些兴趣相投、能力相当、境况相似、阅历相仿的人做朋友，也即"趣味相投"。有了更多的共同语言，可为彼此之间的工作生活增色不少。为了考察我们的朋友是否是真正朋友，是否是只能共安乐不能共患难的朋友，一旦友谊建立起来以后，要对友谊的牢固程度进行检验。可以暴露一些自己的不足，或者使自己置身于可能受伤而你的朋友不得不挽救你的境况，如登山或者航海。真正的友情不依靠什么，不依靠事业、祸福和身份，不依靠经历、地位和处境。朋友在本质上拒绝功利，拒绝归属，拒绝契约。它是独立人格之间的互相呼应和确认，它使人们独而不孤，互相解读自己存在的意义。因此，所谓朋友，是使对方活得更加温暖、更加自在幸福的那些人。

　　有一个美国富翁，一生商海沉浮，苦苦打拼，积累了上千万的财富。有一天，重病缠身的他把 10 个儿子叫到床前，向他们公布了他的遗产分配方案。他说："我一生的财产有 1000 万，你们每人可得 100 万，但有一个人必须独自拿出 10 万为我举办丧礼，还要拿出 40 万元捐给福利院。作为补偿，我可以介绍 10 个朋友给他。"他最小的儿子选择了独自为他操办丧礼的方案。于是，富翁把他最好的 10 个朋友一一介绍给了他最小的儿子。

　　富翁死后，儿子们拿着各自分得的财产独立生活。由于平时他们大手大脚惯了，没过几年，父亲留给他们的那些钱，就所剩无几了。最小的儿子在自己的账户上更是只剩下最后的 1000 美元，无奈之时，他想起了父亲给他介绍的 10 个朋友，于是决定把他们请来聚餐。

　　朋友们一起开开心心地美餐了一顿之后，说："在你们 10 个兄弟当中，你是唯一一个还记得我们的，为感谢你的浓厚情谊，我们帮你一把吧!"于是,他们每个人给了他一头怀有牛犊的母牛和1000美元,还在生意上给了他很多指点。

依靠父亲的老友们的资助,富翁的小儿子开始步入商界。许多年以后,他成了一个比他父亲还要富有的大富豪。并且他一直与他父亲介绍的这10个朋友保持着密切的联系。

这个故事告诉我们,我们生活在这个世界上,财富能给人一时的快乐和满足,但无法让人一辈子都拥有它。而友谊和朋友却能给我们长久的支持和鼓励,让人终身拥有快乐、温馨和富足。所以说,朋友是我们人生的一笔最大的财富,也是一笔最恒久的财富,拥有它,等于我们就拥有了长久的幸福。

友情因无所求而深刻,不管彼此是平衡还是不平衡。友情是精神上的寄托。有时它并不需要太多的言语,只需要一份默契。人生在世,可以没有功业,却不可以没有友情。以友情助功业则功业成;为功业找友情则友情亡。二者不可颠倒。

我们的一生中需要跟很多人打交道,也会接触很多人,但友情必不可少。友情在宽泛意义上来说是一个人全部履历的光明面,但友情不论有多宽,都需要我们警惕邪恶,防范虚伪,反对背叛;友情在严格意义上来说是一个人终其一生所寻找的精神归宿。但未找到真正友情的时候,我们只能继续寻找,而不能就此罢休。生活里,我们不能轻言知己。但一旦得到真正友情,就需要我们加倍珍惜。

在这样一个追求越现代越好的年代里,唯有友谊,人们保持着它古老的准则。朋友如财富,需要好好珍惜。朋友的言行是我们的一面镜子,可以暴露我们的缺点,显示自己的才能,放纵自己的言行。同样你也是朋友的一面镜子,这面镜子永远不能失去做人的准则。善待朋友，便是给自己架设一座通往未来的乔梁，同时也是为自己构筑一个幸福的楼台。

 幸福悟语：

茫茫人海中，我们在寻找与自己独特的技能、人格、风格等相匹配的那些人，他们是我们宝贵的财富。对待友情，我们要懂得感恩。一定在心中藏有大爱，并以此关照人、抚慰人、呵护人、爱人。那些难忘的友情，让我们感受人世的情、人世的暖、人世的美。

5.肯定自己的价值

——职场的幸福筹码

当我们在职场上打拼赢得自己幸福的时候，你是否能够停下来认真地审视自己呢？职场是我们重要的活动场所及生活领域，职场幸福是幸福感的一个重要组成部分。我们幸福与否，在很大程度上与工作时是否感受到幸福休戚相关。而职场幸福，首先是从肯定自己的价值开始的，对自己的表现满意，你就会感到快乐，快乐溢满心境，幸福感则油然而生。幸福相随的人，工作又怎能不高效呢，这是一个良性的循环过程。

放飞身心，再忙也要停下来

有时，我们被迫无奈，必须要做一大堆的工作，也要干一大堆的活儿。此时，也要学着忙里偷闲，要不然太苦太累，幸福就真的和我们绝缘了。人，是有灵性的动物，我们既要开发自己内在的潜能，同时也要拒绝机械化的生活。由此说来，那些甘愿舍弃幸福而为追求更多的财富一味地工作都是不可取的。

可以长途飞翔的鸟，都善于滑翔，它们多半有着宽大的翅膀和轻盈的身体，能够在奋力振翅之后，舒展双翼，慢慢地滑向远方。善飞的鸟在迁徙的过程中，看似不断地振翅翱翔，实际上许多时间都是利用空气的浮力前进。这样做既可以消除紧张，又可以养精蓄锐，以准备另一次的振翅。同理，感觉自己幸福的人，都善于舒散心情，他们多半有着豁达的胸怀和开朗的性格，能够在得失之间，放松自己，享受生命中的宁静和快乐。

但是，为什么我们活得越来越压抑，越来越没有自己的空间。

过劳死，20 世纪末至今，我们的媒体大量报道过类似这样离我们很近又感觉很遥远的白领现象，如瘟疫般，已经蔓延到你我的身边，开始威胁到每一个人。不管你愿不愿意，这是事实。

我们常被欲望迷惑，耗费着人生宝贵时光。身边有一些朋友，压力太大，一直被学业、事业压着，天天感觉很疲惫，可是又不肯休息。

生活，是需要劳逸结合的。而工作与休息，也是需要一杆秤来衡量的。这就是说通过自己的努力，我们内心更多的要去体会自己生活的充实与人生的意义，并非一味去感受压力。

压力，终有一天是承受不住的，可是，源自对欲望的执着，内心的动力却是源源不绝的。在工作之余，还要学会放松。而放松，实在说是在时时处处，在我们走路时，吃饭时，就学着身心放松，开个玩笑，听听音乐，也是很快乐的。幸福的感觉会不知不觉地回到你的身边。

老张和老李是邻居，两人经常一起上山砍柴。一次，砍到一半，老张突然丢下斧头在树下休息，老李走过来对他说："嗨，为什么不砍柴，而在这里逍遥？"

老张却掏出一支烟，边点边说："我们砍柴干什么？"

"好卖钱啊。卖到钱就可以买驴，再沿家挨户卖柴。挣了钱还可以买卡车，然后开木厂卖木器，再买更多的卡车，那样就可以发大财了。"老李满怀憧憬地说。

老张又问老李："那发了财干什么？"

"发了财就可以逍遥自在地享清福嘛。"老李说。

"那你以为我现在在干什么？"老张不屑地说。

老李想想觉得有道理，丢下斧头，也坐下来跟老张一起休息。

这个故事告诉了我们，工作是为了更好地生活，在充满压力的生活下，我们常常是忙忙碌碌地工作而放弃对生活最初的向往，渐渐地丢掉了幸福。工作之余适当地放松自己，既会休息又会工作，休息片刻，磨磨刀，养养神，蓄蓄锐，工作效率不仅提高了，生活也会充满乐趣。

我们要明白，自己不是为别人的眼光与看法而活的。人生要活得充实有意义，也要活得健康、快乐而自在，在忙碌的同时，也要放飞身心，让自己停下来。

据说，西班牙人每天的营业时间是一定的，每天开门迎客几小时，工作几天就休息是他们的惯例，因为他们把休闲会友看得比挣钱更重要。由此人们提出"一天到晚地工作并不是永恒的美德"。事实上也就是这样，现在许多一天到晚工作的人是为赚更多的钱，为了自己拥有更多的财富。可财富毕竟是为人服务的，如果人们为财富服务，成为金钱的奴隶，那是非常不理智的。

现实生活中，常有人感叹"工作太累"。随着生活工作节奏的加快，容易让人们感觉"太累"，表现主要有：起床后感到全身无力，四肢沉重，心情不好，甚至连话也不愿意跟别人说；工作、学习提不起劲，似乎什么都懒得去做，工作中失误多，效率也不高；感情容易冲动，神经过敏，因一点小事不顺心就会大动肝火，严重的还会导致疾病的出现。

在我们工作疲劳的时候，应尽量远离有噪音的环境，多到有花草的地方放松心情，进行一些户外活动，如参加各种体育活动；下班后泡个热水澡，与家人、朋友聊天；不要依赖咖啡类饮料提神，这会使人高度兴奋，反而加重疲劳感；还可以利用各种方式宣泄自己压抑的情绪等。还要注意饮食调理，适当增加含营养物质食物的摄入量，这类食物主要有瘦猪肉、动物内脏、鱼类、鸡蛋、牛奶、豆类及其制品、海藻、杂粮，蔬菜中的西红柿、胡萝卜、菠菜、青菜、椰菜，水果等，让你身心放松。

所以，在学习、工作后，也要有时间让自己安静下来，放松一下，听听讲座，看场比赛。在家为父母洗洗脚，做做菜，倒杯水，按按摩，或带上妻儿去看看风景，体会一起做饭的快乐。或是与朋友一起去做运动，去看看山水，去感受自然的美丽。

我们应该要健康快乐地生活，积极上进地学习、工作。那么每一天，虽然工作很辛苦，学习很努力，内心也会觉得充实，知道自己工作与休息的意义。我今天做了我的本分，我付出了自己的努力。心更加开阔，也更加明朗。那时，去走走玩玩，说说笑笑，也感觉很舒畅！

 幸福悟语：

忙碌让我们丢掉了幸福，还没有让自己快乐起来的人要自我反思了，究竟我们工作的目的到底是为了什么，我们掌握让自己更健康、充实、快乐的方式了吗？越来越好的生活，是我们要过的生活！好好去体会人生的幸福与喜悦吧，去感受一下，什么样的生活，让你更舒畅，更快乐，也更有意义！

有时候，名利只是用来玩玩的

人生原本也是个自然发生的过程，一切顺其自然就是无限的欢喜和幸福。不论是名位或金钱都应该把它当成是暂时的拥有，而不要把它看成实质的东西，或当成是自己的代表，有也好、没有也好，都只是一时的因缘而已，这样就不会有痛苦烦恼了。淡泊名利，你就会收获快乐；摆正心态，你就拥有快乐！

我们每个人都有自己的追求，有的人把吃喝玩乐当成人生的大事，而有的人却在追求名利中度过时光。但一个追求幸福的人，虽然自己不一定有很强的能力，但是能够不断地改正自己的错误，能够意识到自己有时将时光虚度是不应该的，那么就会努力去弥补自己的过失，淡定心态，一步一个脚印地去走好每一步，努力向着更高的层次攀登，相信终有一天，会有所回报的。

　　可悲的是，在许多时候，我们总是会忽略幸福，退而求其次，苦苦追求原本不属于我们、而我们却拼命想得到的东西，比如虚妄的名利、天价的房子、名牌的轿车、服装，这些冰冷的东西始终在俯视着我们忙碌的身影，阴鸷地盯着我们消消长长的钱包冷笑着，却从来不会关心我们为此所付出的艰辛。

　　很多人在追逐名利的过程中失去了无数个与父母共享天伦的日日夜夜，失去了自己纯真的感情、清澈的眼神、赤子的良心甚至干净的灵魂，最终他们又是为谁辛苦为谁忙呢？

　　很多人将名利看得太重，在不觉中就将幸福关在一个笼子里。很多人很多事，怨天尤人、嫌贫爱富成为一种常见的心态，心情浮躁地认为社会不公平，以至于他们的生活总是郁郁寡欢，多的是烦恼，少的是幸福。如果能够把这平日里所有的烦恼和不快乐都放下，那么心态自然就明朗了起来，自己就会感觉到幸福和快乐。一个人如能放下憎恨，放下名利，就不会有那么多的烦恼缠身。

　　一旦卸下了名利的重负，且时时带着微笑，日日面对阳光，豁达大度，一切烦恼就会远离你，这就是幸福的真谛。幸福有时却不是源于"获得"，而是源自于"放下"。在面对大千繁杂的世界时，将贪婪转化成淡然，以善心化解嗔心，以谦卑去除骄横，以真诚化解隔阂，以真心感动他人，这就是看淡名利、寻得幸福的真谛。

　　将名利看得太重的人，其价值取向往往是扭曲的，为了虚荣和名利，常做出弄虚作假的事情，虚荣心会激起人们更多的贪欲，虽然有时也可达到新的高度，但最终却偏离了自己前进的方向。人们只有抗拒外在的名利诱惑，才能摆脱烦恼的纠缠。

　　彻底放下名利重负的自己，不为外在的财富积累而苦苦奔波，身心获得了从未有过的自由，无论别人如何看待自己，如你能始终怀着一颗平常心，过自己喜欢的生活，让精神主导自己的生活，不使追逐物质的贪念和享受成为常态，生活和工作中仍然时时处处保持力行节约的习惯，幸福就会洋溢于你生活的每一个角落。

　　名利只是我们用来玩玩的，放下名利既是一种感悟，更是一种心灵的自由，幸福是一种豁然开朗的感觉，看淡名利即让你获得了幸福的感触。只要你懂得珍惜现在，多些成熟，少些烦恼，多点深思熟虑，少点后悔遗憾；只要你在人生的追求中能多一份淡泊，少一份名利、多一份真情、少一份世俗；只要你能抛弃一些尘世的烦扰，留一份开阔的天空给心灵安个家，你的人生将会变得越来越美丽。

 幸福悟语：

　　名利只是幸福的附加值，它只是我们用来玩玩的。幸福的人在做他们喜爱的事情，他们得到了巨大的喜悦和人生价值，名利只是随之而来。名利就好比是一张吸引人受人围观的标签，挂在身上招摇过市，总会让世人侧目，可是这张标签有时候貌美如花，有时候面目可恶，怎么看待它，需要擦亮我们的慧眼。

你的工作和生活，需要一杆秤

　　工作是一件快乐的事情，可是很多人却不这么认为。他们认为工作仅仅是自己的一种谋生手段。这样的生活给了他们太多的精神负担，那些繁重的工作任务，紧张纠结的竞争压力，都让他们有一种喘不上气来的感觉，随着年龄的增长，健康的压力也越来越重，这时候究竟该何去何从，怎样才能使自己从这种背负的心理压力中解脱出来，找寻失去已久的幸福，就成了所有人最关心的话题。

　　如今这个时代，说为自己的理想努力总觉得有点虚无缥缈的感觉。尽管我们时刻地展望着美好的未来，但是生活还是要从脚踏实地的忙碌来入手。就这样我们随着光阴一年又一年地流逝着，每天起早贪黑地去打拼，去努力。无法分辨工作和生活的界限，忙碌成为了常态。到现在尽管说小有成就，也还算年轻，却对繁重的工作任务，越来越力不从心，感觉幸福离我们越来越远。于是我们偶尔会因为明天的会议发言而失眠，会时不时因为做不出新的策划案而急躁。总而言之，我们越来越觉得，工作中的快乐越来越少，烦恼越来越多。这仿佛已经成为了一种负担，让我们想挣脱却挣脱不掉，想停下来，又不能停滞不前。

　　人们忙于工作，而疏于享受生活，这是可悲的。鉴于这种情况，在西方已有很多家公司提出了至少一种以上的紧张管理方案，它们包括从最普遍的控制饮用含酒精的饮料到体育锻炼和静思养神培训班的各种方案。例如，英国纽约电话公司就要求所有雇员定期检查身体，并且给被与紧张有关的问题所困扰的人开设静思养神培训班。

如果你所在公司没有开设这类培训班，你也可以通过自我调整来解决困扰，一个简单而有效的建议是，在压力过大或倦怠时就纵容自己不去上班。先去享受生活，然后再全身心地投入工作。

请看下面一则故事：

有一对夫妇经营着一个牧场，两人辛勤劳动，牧场变得越来越大。

由于过度操劳，丈夫患上了失眠症，常常整夜睡不着觉，很苦恼。于是妻子告诉他，睡不着时就躺在床上默默地数羊，便会慢慢地睡着。他依法试了，仍不奏效。"你准是太心急了，必须专心一意地数，并且数到一万才会有效。今晚你再试试。"妻子安慰丈夫道，她知道丈夫是个急性子，说不定数几下就不耐烦了，所以还是睡不着。

第二天早晨，妻子问丈夫昨晚数羊是否睡着了。丈夫恨恨地说："仍是一夜没睡！我数完了一万只羊，剪了羊毛，梳刷妥当了，纺织成布，缝制成衣，运往美国，全都卖出去了，整笔买卖赚了300万元！等钱赚到，天已经亮了。"

这个故事告诉我们，对自己期望太高，常常会让自己更累。而分不清工作与生活的人，他的幸福感也是一团糟。还有一个相似的案例：

在一家房地产公司做高级职员的李明，参加工作9年，一直是一个不折不扣的工作狂，但是从今年春天开始，他突然厌倦工作了，不想上班，特别是在长假或双休日过后，一想到上班就想哭。早上听见闹钟一响，就觉得心烦，出了门，心就开始发慌，觉得胸闷、头晕、气短，觉得上班简直就是受罪，但一想到还得供房，又不得不往公司走。

我们找不到工作与生活的那杆秤，不如这样想想，与其在每天疲累地工作之后，让不想工作的念头折磨着心灵，还不如马上行动，即刻起就调整好心态，让不想工作的痛苦离你远去。因为身处工作、生活方式激荡变革的"后工作时代"，每个人都可以有更加自主的选择，让自己的工作更接近于创造和享受，而不是受累。

　　每个人不想工作都有自己的理由，如果你患有这样的"上班恐惧症"，即在精神高度紧张的工作中，期待着每周两天的休息日，而每到周日晚上，又会对即将到来的工作日产生恐惧，那你就可以和工作说拜拜了，至少是暂时的。

　　心理学家告诫我们，不想上班的时候就要及时地调节自己，可以去读书充电，也可以请假去旅游，最终的目的都是放松自己。要知道，只有以饱满的状态去工作和生活，人生才是有质量、有意义的。

　　当工作成为一种负担，我们没有必要再抱怨每天"起得比鸡早，干得比驴多，睡得比狗晚"。当工作压得我们喘不过气来的时候，就索性放下这些繁重、乏味的工作，给自己一个相对清闲的空间。找个西餐厅或者咖啡馆，坐下来，要一杯自己钟爱的卡布奇诺或提拉米苏蛋糕；什么也不要想，任午后灿烂的阳光透过宽大的玻璃窗暖洋洋地照射在自己的身上，我们可以眯着眼睛看着窗外川流不息的人群，看着外面汽车和自行车的相互穿行，看那些行色匆匆的为生计所奔波的芸芸众生。或许就在那一瞬间，曾经浮躁的心就会归于平静，我们会感谢那份可以让我们温饱有余的工作。

　　当工作成为一种负担，我们可以试着不去理睬工作上那些烦琐的事情，找个周末，约上三五好友一起相聚在某个酒吧或者歌厅，或微醉，或清醒，把自己想说的话都说出来，聊聊彼此的生活；尽情地用歌声或者喊声宣泄自己的不快，毫无顾忌地说出自己的不满。这时候你会发现在这个小小的世界里，永远有歌舞升平，永远有好事和坏事在发生，永远是有人欢喜有人忧愁。那一瞬间，那颗曾经坚硬的心会变得柔软，我们就会开始感谢那份可以让我们衣食无忧的工作。

有一些人对于自己的现状很满意，但幸福感缺少，原因就是觉得工作压力太大了，那也很好办，外出旅游好了，流连于山水之间，徜徉在历史积淀的文化中，又有什么放不下的呢？如果暂时脱不开身，那就全当目前的工作是为自己攒旅游费好了，有了那么动人的目标，工作起来应该不会很痛苦了吧？

不要对自己太吝啬，总是觉得辛苦赚来的钱舍不得花，因为还要买房子，还要买车。要清楚一点，那就是只顾向前冲，却从来不加油的车是跑不了多远的，只有给自己适时的放松，才能以良好的状态投入到以后的工作中去，也只有良好的工作状态才会给你带来丰厚的收入，所以说，一定数量的消费和钱财的积累并不矛盾。

总而言之，能感受到负担说明我们还能承受这种压力，有工作说明我们还有作为，说明我们还能为生活付出自己的一分努力。在稍做休整之后，让我们在对人生的感悟中轻装上路，以全新的姿态重新投入到工作中，去享受工作的快乐，开创美好而积极的人生未来。

 幸福悟语：

对于工作来说，太专注于工作以致到了焦虑的程度是陷入了误区，但为了驱除紧张，放松到了懒散的程度，也是走入了误区。作为追寻幸福脚步的我们，在专注与放松之间，你一定要掌握好一个度。有张有弛，有急有缓，使自己的生活得到最良好的调节，使之保持在一个绝佳的状态，才是我们真正追求的目标。

身在职场，且啜一口苦咖啡

　　小时候我们无忧无虑，随着年龄的增长烦恼却与日俱增，幸福的身影也渐行渐远。初涉职场，还可以过一过一人吃饱全家不饿的日子，可年纪再大一点开始慢慢意识到自己身上的责任。想抓住身边的机遇却一再错过，想完成自己的梦想，决绝的它却日渐遥远。总而言之，职场中一连串的苦恼，就这样有形无形地折磨着自己。别再想了，啜一口职场的苦咖啡，然后好好为自己放个假，我们自有自己的潇洒，让我们将那些令人心碎的苦恼统统抛在脑后吧。

　　随着时光的流逝我们在慢慢走向成熟，身在职场中的我们也有了自己不少的心事。也许是有关事业的，也许是有关家庭的，也许是有关爱情的。总而言之，总是让我们内心产生一种纠结的情绪。这种苦恼有的时候让我们很痛苦，经常把我们推向消极的死胡同。使我们丧失最初的斗志，觉得生活带给了自己太多的失落。其实，事情并没有我们想象中的那么沉重，但我们却认为它很沉重，就这样日子一天天过着，我们有了一种在苦恼中挣扎的感觉。

　　当压力袭来，各种各样的苦恼重叠在了一起，当我们感到这些压力和失落让我们的人生失去意义，你就需要暂时地停下脚步，让自己内心的不满、痛苦和无奈得到彻底的宣泄。我们可以给自己设计一段轻松的日子，在那些日子里，什么都不要想，去做自己喜欢的事情，将各种各样的苦恼统统抛在脑后。不再去管明天的房贷能不能如期还上，让下星期必须完成的文件、报表、策划案通通见鬼去吧。你现在需要的就是休息和放松，只有让自己的情绪归于宁静，你才能在以后更加从容地面对压力、面对人生、面对你自己。

这时候忽然想起了这样一个故事：

一架飞机正在白云之上翱翔，机舱内的空姐微笑着给乘客送食品。张老板细细地品尝美食，而邻座的年轻人却愁眉苦脸地望着窗外的天空。

张老板颇为好奇，热情地问："小伙子，怎么不吃点？这伙食标准不低，味道也不错。"

年轻人慢慢地扭过头，不无尴尬地说："谢谢，您慢用，我没胃口。"

张老板仍热情地搭讪："年纪轻轻的怎么会没胃口？是不是遇到什么不开心的事啦？"

面对张老板热心的询问，年轻人有些无奈："遇到点麻烦事，心情不太好，但愿不会破坏了您的好胃口。"

张老板非但不生气，反倒更热心了："如果不介意，说来听听，兴许我还能给你排忧解难。"

年轻人看了看表，还有一个多小时才能到目的地，聊就聊聊吧。

年轻人说："昨夜接到女朋友电话，说有急事要和我谈谈。问她有什么事，女朋友表示见了面再说。"

张老板听后笑了："这有什么犯愁的呀？见了面不就全清楚了吗？"

年轻人说："她可从来没这么和我说过话。要么是出了什么大事，要么就是有什么变故，也许是想和我分手，电话里不便谈。"

张老板笑出声："你小小年纪，想法可不少。也许没那么复杂，是你想得太多。"

年轻人叹道："我昨天整个晚上都没合眼，总有一种不祥的预感。唉，你是没身临其境，哪能体会我此刻的心情。你要是遇到麻烦，就不会这样开心啦。"

张老板依然在笑："你怎么知道我没遇到麻烦事？也许你的判断不够准确。"说着，张老板拿出一份合同，"我是去广州打官司的，我们公司遇到前所未有的大麻烦，还不知能否胜诉。"

年轻人疑惑地问："您好像一点不着急。"

张老板回答："说一点不急是假，可急又有什么用呢？到了之后再说，谁也不知道对方会耍什么花样。可能我们会赢，也可能一败涂地。"

年轻人不禁有点佩服起眼前这位儒雅的绅士来。一晃几十分钟过去，到达了目的地广州，张老板临别给了年轻人一张名片，表示有时间可以联系。

几天后，年轻人按照名片上的号码给张老板去了个电话："谢谢您，张董事长！如您所料，没有任何麻烦。我女朋友只想见见我，才出此下策。您的官司打得怎么样？"

张董事长笑声爽朗："和你一样，没什么大麻烦。对方已撤诉，我们和平解决。小伙子，我没说错吧，很多事情面对了再说，提前犯愁无济于事。"年轻人由衷地佩服这位乐观豁达的董事长。

有句成语叫作"自寻烦恼"，这无非是在告诫我们：许多烦心和忧愁都是我们自己给自己绑的绳索，是对自己心力的一种无端耗费，无异于自己给自己设置了一个虚拟的精神陷阱。只要好好把握现在，什么事情都可能出现转机。同样，遇到苦恼的时候，我们没有必要觉得它有多么让人恐惧，不要在自己的想象中把未来还未发生的事情想的那么可怕。有的时候试着把这一切的一切抛在脑后，让其且顺其自然地发展，也许一切就会在不知不觉中迎刃而解了。

一座 15 世纪的教堂废墟上留着一行字：事情是这样的，就不会那样。藏在苦恼的泥潭里不能自拔，只会与快乐无缘。所以你要给自己找一个远离苦恼的理由来安顿自己的心灵；抓住苦恼不放，就会失去生活的乐趣。英国作家萨克雷有句名言："生活是一面镜子，你对它笑，它就对你笑；你对它哭，它也对你哭。"如果你成天以一种痛苦的、悲哀的心态去工作，那么你的工作也将是非常沉闷灰暗的；而如果你以欢悦的态度对待它，包括那些不如意、不顺心的事，职场的生活也就会充满阳光。

 幸福悟语：

这个世界上没有任何一种苦恼是永恒的，如果有，也是人长时间自我纠结的结果，幸福就是这样被人们无缘无故地抛弃的。如果你现在正在经历着苦恼，就一定要学会把它放下，让内心得到一种彻底的平衡和安宁。只有这样，你的人生道路才会更加平坦，你走在路上才会更加从容，而幸福的天使将永远不会舍你而去。

从事感兴趣的职业，才能找到真正的幸福

感兴趣的工作会成为你幸福源泉的一部分吗？你每天都是以怎样的心情迎接自己每一天的工作呢？如果你只要一碰到它就会皱起眉头，说明你对自己现在的处境很不满意。也许在你心目中工作的存在只是为了谋生，也许你只是为了打发自己的时间不让自己闲下来胡思乱想。但有一点是不争的事实，你并不快乐。人生怎能在这样的不快中继续，但是你绝对不能就这样一直下去，所以从现在开始，你需要寻找一份属于自己的"完美工作"。

假如你在早上起来就开始抱怨太阳为什么这么早升起来，为什么要让自己去面对那自己并不感兴趣的工作。如果你每天上班的时候都会有一种度日如年的感觉，希望这一天能够快些结束。如果你在下班后就开始忧虑，担心明天还要继续这样的艰辛旅程。那么就说明，你因为这份工作生活得并不快乐。这时候如果一直这样下去，不但你的心情会受到影响，就连自己的未来也会因此而失去希望。

美国惠普公司总裁卡尔顿·菲奥里纳说过："热爱你所做的工作；成功是需要一点热情的。"由于这份工作并不适合你，所以你做起来就没有激情，因此也很难做出什么业绩，时间一长，你会慢慢变得没有任何特点，你的特长也会因此被慢慢地扼杀，你的幸福感也会被逐渐消磨。打造幸福生活，首先就要找对适合自己的行业，让自己拥有更广阔的发展空间，让自己的能力得到更大的锻炼和发挥，才可以提

高自己的品质。所以，不要再在自己不喜欢的工作上浪费青春了，你现在要做的就是寻找一份属于自己的"完美工作"。

也许我们接触过很多登山的故事和电影，里面都会提及却又鲜有表现的登山向导这个小工种职业。从事这个小工种职业的人，他们很少是出于经济方面的原因，大多数情况下，登山向导对探险都有着强烈的兴趣，才会选择登山向导这个职业。

在常人的印象里，从事自己喜欢的职业，就很难将其称之为一种"工作"。约翰·莱斯便是一位从事着自己喜欢的工作的人。他是一名登山向导，每天面临生死考验，所承受的压力超乎常人的想象。大学毕业后，莱斯曾考虑继续深造，攻读法律，但喜马拉雅山希夏邦马峰的探险之旅最终改变了他的职业发展方向。

凭借着浓厚的兴趣，这位登山向导曾带领登山队征服德纳里峰和珠穆朗玛峰，还曾追随探险家欧内斯特·沙克尔顿的足迹，靠着雪橇穿过南乔治亚岛。在出发前，莱斯会认认真真制订计划，途中还向登山者提供医疗护理服务。他建议新手从易到难，一天选择一个适当的目标，逐渐增强自己的能力。"光有兴趣不行，还需要切实可行的计划。但如果目标定得太高，最后只能品尝失败的苦果。那些站在顶点的人往往就是能力最出众的人，同时也是最坚忍不拔的人。"

准确地说，登山向导这个职业名称并不完全准确，毕竟除了登山外，各种的探险都会有向导，而且登山向导也的确从事着登山以外的向导工作。比如有些极地或沙漠探险等，尽管每一次征程都充满了变数和危险，但莱斯却不以为然，他认为他的工作可以带给他无尽的幸福！

我们常听人说，为爱好而工作很容易致富。其实，带给他们财富的同时，感兴趣的职业可以带给人们很大的幸福感。

在我们的生活中，那些孜孜不倦地为兴趣而努力奋斗的人，往往可以达成愿望，顺利抵达成功的彼岸，热爱改变了他的生活。目的伟大，活动才可以说是伟大的。热爱你所做的事，是一种人生的追求目标，是一种人的欲望的载体，是一种对期待中的事物的证明，当然也是成功的一个重要前提。兴趣往往和事业成功紧密联系在一起，而事业的成功则能在财富上得到相应的报偿。很多成功的事例说明人生在世，为兴趣而工作是多么要紧！

在人才招聘会上，很多公司会开出以下类似的招聘条件："不强求经验，但要有兴趣、激情、冲劲；不强求聪明，但要勤奋、勤快、勤劳；不强求伶牙俐齿，但要有热情、随和、微笑。"

这几年，在人才招聘会上出现这样一个新现象，很多用人单位降低了对"工作经验"的限制，转而要求应聘者对工作岗位有"兴趣"，甚至要"热爱"本行业。招聘者这样解释：兴趣和热情可以弥补经验，企业最看重的是应聘者的忠诚度，他们希望招到能够持续稳定、并创造性开展工作的员工。越来越多的单位将考察求职者对工作岗位的爱好和兴趣作为重点。"只要对本职工作有兴趣有热情，经验可以慢慢积累"。

一位资深的人力资源部经理说："以往我们虽然招了不少求职者，可是没过两年，近八成都走了。其中有半数对自己选择的工作并不熟悉，也缺乏热情，所以遇到困难就容易打退堂鼓。所以，我们宁愿选择没有经验，但对本岗位有兴趣有热情的人"。

许多应届毕业生有这样的困惑，先就业还是先择业呢？"现在工作这么难找，还有什么挑儿头呢？"据调查，约五成大学毕业生属跨专业求职。目前很多的大学毕业生迫于就业压力，找工作时往往只看工作能不能做，用人单位会不会接受，却很少有人冷静地问问自己：我到底对什么感兴趣，喜欢做什么？尽管很多毕业生放弃了按个人兴趣择业，而选择先就业，但很多人在工作后很快发现自己不适合这个岗位，于是纷纷离开。真正做过完善职业规划的毕业生不到两成，这直接导致员工跳槽率始终居高不下，而且对他们的职业发展很不利。

于是，就有专家指出，职场人士要让兴趣指导就业。过去是"干一行爱一行"，如今已经变成"爱一行干一行"。面对职业理念的巨大变化，专家建议求职者抛开对"休闲兴趣"的依赖，让"职业兴趣"成为寻找理想工作的指南针。求职者也应以职业兴趣作为立足点，通过职业规划来按照自己的意愿选择行业和岗位。

职场中没有"十全十美"的工作，绝对完美的工作也不是我们的生活标准，它是一种幸福的心理状态。从事感兴趣的工作，我们就可以将自己最擅长的才智发挥出来，应用到我们孜孜追求的事业上，正适合你个性和价值观念的张扬的工作环境为我们提供了保障。未来追求工作的幸福，职场人士何尝不是在努力寻找、发明或创造这类工作，尽管探寻它的道路很艰辛。

从事感兴趣的工作的人们，他们的才华、激情和价值取向是一致的，而且他们时常有一种强烈的个人成就感。他们抱着一种指南，即让他们永远追寻着他们在生活中的目标。他们对于时间和金钱这两项自己最宝贵的财富，有着明确的把握。面对生活和工作中碰到的困难，他们只当作这是生活原本的特色，不碍于个人的幸福。

我们存在的理由之一就是寻求幸福的意义，正是这一精神内核帮助我们在所有日复一日的生活经历中发现盎然的生机。想要事业成功绝对不能没有目标，人生的目标帮助你选择自己的人生该走向何方。人生的目标是你的一种发现，人们往往要经过一番危机才能找到自己的目标，指引我们寻找目标的那就是兴趣。

生活的变化与发展不会完全像我们最初计划的那样，认同这个观念越早，你的人生目标就会越早地实现。你的生活目标更加明确的时候，你也就更加容易地规划时间和找出真正的生活优先顺序。从事你感兴趣的职业，坚持你对事业目标的追求也许并不容易。事实上，你越是看重自己的责任和义务，似乎越难保持对生活目标的追求。那么，该怎么办？那就从小处做起，每天只处理一项与人生目标有关的优先任务，时间长了，改变就会轻而易举了，幸福也就回归了。

 幸福悟语：

寻找"完美工作"的过程就是一个学习的过程，在这个过程里，我们学到了很多更实用的知识，更清晰地意识到了自己的人生价值。在这条人生的道路上，我们必须要明确自己的方向，知道自己想要什么，而且很清楚自己怎样做才能得到它，只有这样你才能给自己更安定的感觉，才能在不远的将来实现自己人生的追求，找寻到我们所要的幸福。

天道酬勤，幸福属于勤奋的开拓者

人类大凡一些非凡成就，都是以勤奋为基础而实现的。勤奋是一种美德，是你做人的准则，更是你通往幸福之路的便捷通道。如果你是天才，勤奋则使你如虎添翼；如果你不是天才，勤奋也将使你赢得希望的一切。职场中，一个人的成功和勤奋是成正比的，你付出多少就会收获多少。只有经过日积月累的勤奋努力，你才会取得意想不到的收获。勤奋不是先天生就的，而是后天养成的，当你有了坚定的抱负和信念时，勤奋也就随之而生了。

职场中有个幸福定律，那就是你不用去探求幸福是什么，也许当你勤奋工作的时候，幸福就悄悄地来了。

"天道酬勤"说明了幸福需要靠勤奋来争取，同时也告诉我们：生活对每个人都是公平的，它更偏爱于勤奋的人们，付出的努力一定会有所回报。也告诉了人们，机遇和灵感往往只光顾有准备的头脑，只垂青于孜孜以求的勤勉者。一分耕耘，一分收获，也即古今中外所称道的多劳多得。机遇是可遇而不可求的，有时是百倍地努力也达不到的，但勤奋努力可以达到的。

但是，生活里的大多数人并未从中受到启发，从而实现自己的职场幸福，他们在工作中依旧偷懒，依旧好逸恶劳。他们还常常会这样为自己开脱：时代不同了，勤奋不再是职场中或商战中的成功法宝了，不靠勤奋照样能取得成功。

真的是这样吗？不，绝对不是这样！在当今竞争十分激烈的时代，勤奋不是越来越不重要，而且恰恰相反。要想在职场中获得成功，必须保持勤奋的工作态度。

请看下面一则故事：

20年前，小王和老公从四川泸州老家来到深圳打拼创业。一切从零开始白手起家，租了一间小小的门店，四张小桌开始做餐饮盒饭，每天早晨7点开门营业，一直做到深夜1点关门，洗完澡睡觉就是两三点钟了，十几年没休过星期天，没放过假，由于睡眠不足，眼圈常年都是黑的，那份辛苦难以诉说。若不是那天吃饭时跟她坐在一起，听她在那里给小蔡介绍各种菜式的做法，问起她如何知道得这样清楚，她才说起当年创业的酸甜苦辣，还真不知道她原来经历过如此的艰辛。

从做盒饭起家，到渐渐店面业务的扩大到生意的繁荣兴旺，从宝安到罗湖，从福田到南山，生意火火红红，小王夫妻靠的是和气生财，靠的是勤奋持家。那些年，她坐堂指挥管理，老公采购进货，一直都是忙得没有白天黑夜。女儿原来在老家读书，13岁的时候接到深圳来上学，为了解决女儿读书考大学的问题，两口子1999年在宝安买了两套房子，虽然那边的房子没住过，只是用作出租，早在2003年就卖掉又买了市内的房子安居了，但当年进了蓝本户口，第二年就转成了正式深户，让一家人都成了深圳人了确实很明智。

小王的女儿很争气，那些年虽然小，却也知道父母忙于生意赚钱不容易，她很能体谅父母，生活学习一点不用父母操心，读书非常用功，高中毕业就考上了深圳大学，四年金融专业的学习以优异成绩毕业了，如今进入银行系统工作已经四年了，和香港的男朋友是以前的同事，感情自然很融洽，也很孝顺父母。工作两年后的女儿感觉父母辛苦那么多年也该歇歇享受生活了，自己也有条件为父母续买保险，以求退休后的基本保障了，就动员父母收山了。老公也感觉这些年下来确实已经很累了，两人一商量就爽快地卖掉了门面，结束了生意。

女人聪明漂亮是种幸运，但并不代表就获得了通向幸福的捷径。生命本身有很多种滋味，只有用不息的激情去创造生活、体验生活、追求生活，才能找到幸福的真谛，实现人生的价值。

闲下来的日子小王可不愿虚度光阴，她希望生活是丰富多彩的，也知道乐趣是要靠自己去创造的。以前忙于生意，生活单调得没有色彩，也根本没时间享受生活。歇业了生活可以重新安排。从去年开始，

142

小王来舞场学习跳舞，她悟性好学习又用心，很快就学会了各种舞厅舞，能跟着音乐跳三步、四步、伦巴、恰恰、探戈、三步踩、集体舞，社区会演时，她又学习了民族舞，后来，还参加了社区腰鼓队学打腰鼓。现在，每天早晨她在人人乐楼上跳交谊舞，晚上在小广场跳民族舞、打腰鼓，样样都练得很出色，成为了几支队伍中的骨干，娱乐健身不亦乐乎。老公爱她，心疼她多年劳累，家里的家务活全包了，根本不用她动手做，老公体贴，女儿孝顺，现在的小王只要考虑每天怎样更加开心快乐就好了，那天去华南城，爱美的她也是买了不少的饰品，喜欢的就拿上。美满如意的感觉总让她很幸福。

这个故事里已过天命之年的小王依然有苗条的身材，白皙的皮肤，漂亮的脸型，端正的五官。别看现在的小王生活安逸幸福，这幸福可是来之不易的。

工作给我们许多的好处，要实现自我获取幸福就应该体味到它的价值：工作不仅能让我们赚到养家糊口的薪水，同时工作中的任务能磨炼我们的意志，拓展我们的才能。没有工作，我们寒窗苦读得来的知识就无法得到展示；没有工作，我们长期培养的能力就无法得到提升；没有工作，我们就难以品味工作中的乐趣、享受工作带来的荣誉；没有工作，我们又怎能赢得他人的认可与社会的尊重。一旦失去工作这个舞台，生活将变得黯然失色，没有快乐和意义可言。可见，勤奋工作对于我们来说有多大的影响！

勤奋是种美德，在工作中，只有坚持勤奋这种美德，才能有机会在自己的职场岗位上一展拳脚，才能在自己的本职工作中有所突破，才能让自己更上一个台阶。同样，你只有永远保持勤奋的工作状态，才会得到他人的称赞和认可，同时也会脱颖而出，并得到成功的机会。

幸福悟语：

追求幸福本不必讳言，不管当它是勤奋工作还是职场野心，而当你逼着自己口是心非时，你面前的敌人无疑又多了一个，那就是你自己背上的包袱。勤奋来源于我们内心对成功、对幸福的渴望，对自己努力的肯定，是我们平凡的生活里不懈努力而取得的成果，成功源于勤奋。

欣赏对手会给你带来幸福

在我们的生活里，每天都存在着激烈的竞争，尽管很多人都声称"共赢定天下"，但是面对每一天你来我往的挑战，我们仍然需要沉着冷静，勇往直前。竞争不是坏事，没有竞争你就不会脱颖而出取得成功，但是竞争又是残酷的，没有人知道下一个被淘汰的人是谁。究竟该何去何从呢？还是让我们从容面对吧！学会对竞争者微笑，欣赏你的对手，相信笑到最后的也一定是你！在竞争的过程中必然要有一些竞技和争夺，但是请不要忘记在推销自己的同时，也要欣赏对手，留给自己的对手一个灿烂的微笑。

在任何一个领域内，人与人之间都存在竞争。有人给竞争下了一个定义，那就是两个或两个以上的个人、团体在一定范围内为了夺取共同需要的对象而展开较量的过程。大千世界，因为存在竞争而充满生机和活力；芸芸众生，也由于竞争才能使得人才脱颖而出。时代的每一步发展，社会的每一次变革，无不充满竞争。竞争的结果就是优胜劣汰，成功者前进，失败者落伍。古往今来，概莫如此。

从小我们就经历着各种各样的竞争。考试要竞争，上大学要竞争，应聘要竞争，升职要竞争，抢占客户和市场还是要竞争。这一切的一切一定给你带来了不少的压力。以至于你在坚强的外表之下也经常彷徨，不知道应该向左还是向右。这一切的一切只说明着一个道理，那就是竞争这场游戏，玩得转相当不容易。

欣赏对手为我们赢得了主动权。而排斥对手对事情没有一点帮助，弄得不好还会两败俱伤。我们不可避免地会引来嫉妒者和竞争者，但积极的竞争能给生活带来生机，能使工作和学习产生动力，这都是不容置疑的。然而，在看到其积极的一面时，你却没有理由忽视它所存在的另一方面。由于不能正确认识竞争而造成的负面影响，一位自寻短见的大学生在写给父母的遗书中悲伤地感叹道：未来社会是一个竞争的社会，不善于同竞争者一起生存，像自己这样的人怎能适应呢？每天处在这种使人十分厌倦的充满竞争的学习环境之中，还不如及早地彻底解脱。某公司的一位干部也因长期处在一种激烈的竞争氛围中，感到对手给自己十分沉重的压力，终于不堪重负而做出了极端的行为。类似于这样的事例并不少见，人们在叹息之余，也在思考如何与竞争者保持互不伤害的状态。

既然竞争不可避免，竞争又能促进社会的前进，所以渴望成功和幸福的我们就要积极去应对，以乐观向上的态度投入竞争。如果没有竞争的对手，就表示没有进步的空间，从商业的角度来看，向对手学习，维持竞争的关系，其实是挺好的，而这也是社会不断进步的重要原因。竞争之中保持良好的合作，成功之后不忘提携幼弱，切不可为争一日之长短而做出有失品德的事情。职场、商务中竞争与做人是不矛盾的，良好的品德修养只会让竞争更有利于你的方向发展。

大多数的职场竞争中，欣赏你的对手，从容地开展竞争，打造健康的竞争心理，对你的奋斗和成功有着重要影响。

想到这里让我们来看看下面这则故事：

一种味道珍美的鳗鱼出产自日本北海道，海边许多渔村的渔民都以捕捞鳗鱼为生。这种鳗鱼的生命力非常脆弱，只要一离开深海，要不了半天就会全部死亡。

令人惊奇的是，有一位老渔民天天出海捕捞鳗鱼。返回岸边后，他的鳗鱼总是活蹦乱跳的。而其他几家捕捞鳗鱼的渔户，无论如何处置捕捞到的鳗鱼，回港后全都是死的。

因为鲜活的鳗鱼价格要比死亡的鳗鱼几乎贵出一倍以上，所以没几年工夫，老渔民一家便成了远近闻名的富翁。

与其相反的是，周围的渔民做着同样的活计，却一直只能维持简单的温饱。

已经富裕的老渔民在临终之时，把秘诀传授给了儿子。原来，老渔民使鳗鱼不死的秘诀，就是在整舱的鳗鱼中，放进几条叫作狗鱼的杂鱼。鳗鱼与狗鱼非但不是同类，还是出名的死对头。

几条势单力薄的狗鱼遇到可怕的对手，便惊慌地在鳗鱼堆里四处乱窜，这样一来，反倒把满满一船舱死气沉沉的鳗鱼全给激活了。

这个故事告诉我们，痛击别人并不会让你变得更强大，相反，这只会减低你的战斗力，欣赏对手会带给你更大的成就。所以，我们欣赏对手，就要试着去了解对方的长处和优点，然后诚恳地向他请教、学习。而不是去打击、攻讦对方，作为一个幸福者，就应学会用欣赏的角度来面对你的敌人和对手。

另外一个动听的故事则是：

在秘鲁的一个国家级森林公园里，养着一只年轻的美洲虎。美洲虎是一种濒临灭绝的珍稀动物，全世界现在仅存 17 只，所以为了妥善地保护这只珍稀的老虎，公园管理人员便在公园中专门辟出了一块近 20 平方千米的森林作为虎园，还精心设计并建盖了豪华的虎房，好让它自由自在地生活。

虎园里森林茂密，百草芳菲，沟壑纵横，流水潺潺，并有成群人工饲养的牛、羊、鹿、兔供老虎尽情享用。凡是到过虎园参观的游人都说：如此美妙的环境，真是美洲虎生活的天堂。

然而，让人感到奇怪的是，从没有人见过美洲虎去捕食那些专门为它预备的活食。从没有人见过它王者之气十足地纵横于雄山大川、啸傲于莽莽丛林。甚至，也从未见过它有模有样地吼上几声。

人们最常看到的是它整天待在装有空调的虎房里打盹儿，吃饱了睡、睡饱了吃；整天无精打采。

有人说它大概是太孤独了，若有个伴儿，或许会精神起来。于是，政府又透过外交途径，从哥伦比亚租来一只母虎与它做伴，但结果还是老样子。

有一天，一位动物行为学家到森林公园来参观，见到美洲虎那副懒洋洋的模样儿，便对管理员说：老虎是森林之王，在它所生活的环境中，不能只放上一群整天只知道吃草，却不知道猎杀的动物。

这么大的一片虎园，即使不放进几只狼，至少也应放上两只豹，否则，美洲虎是无论如何也提不起精神来的。

管理员们听从了动物行为学家的意见，不久便从别的动物园引进了几只美洲豹放进虎园。

这一招果然奏效，从美洲豹进入虎园的那一天开始，这只美洲虎就再也躺不住了。它每天不是站在高高的山上愤怒地咆哮，就是有如飓风般地俯冲下山岗，或者在丛林的边缘地带警觉地巡视和游荡。

老虎那种刚烈威猛、霸气十足的本性被重新唤醒。

它又成了一只真正的老虎，成了这片广阔的虎园里真正的森林之王。

在我们的职场生涯中，类似于这只美洲虎的人比比皆是，他们在安逸的工作环境里，很难有出色的表现。由于缺乏竞争意识，导致他们在自己的职场生涯中频频出错，最终既得不到上司的认可，也得不到同事的拥护。而一旦出现了竞争的危机，他们的潜力和能力就会被最大化地激发出来，那种整日皱着眉头在办公室里抱怨，自己什么时候才能熬出头来的状况再也不会出现了，反而，他们的事业更加优秀，生活更加幸福。

人们不大喜欢竞争带来的伤害和它的残酷，但竞争有成功就会有失败，有微笑就会有痛哭，其实结果并不重要，重要的是我们参与了整个过程，也许你觉得这是一句空话，可是如果你能够真真正正地去思考一下，去感悟一下自己的人生就会发现，追求成功的奋斗过程，尽管你要的东西不会100%实现，但竞争的过程会带给你很多的副产品，你的努力最终还是有成果的。

幸福要付出代价，当我们被别人诋毁、伤害、否定时，先别急着难过，因为，有可能是对方把你当成可怕的对手，先试试你的能力在哪里，倘若你很容易地就被对方击败了，那么你的对手也会觉得兴味索然，认为你不堪一击，并非是一个旗鼓相当的对手。

当别人把你当成对手时，那就表示，你的能力足以威胁到他的存在，你可以亦喜亦忧，然而，不管如何，活在这个世界上就像某种生态的平衡。你不会只有敌人，而没有朋友，朋友和敌人一样，也都是人际关系中的一种平衡。

我们如果没有对手，那我们的人生就会甘于平庸，养成惰性，让我们的事业庸碌无为，生活缺乏幸福。一个群体如果没有对手，就会因为相互的依赖和潜移默化而丧失活力，丧失生机。总之，欣赏你的对手吧！并且，努力让自己也做一个别人敬重的对手，一个别人不敢随便欺负的对手。你会发现，你的生活从此别样不同。

日常生活里，许多人犯了这样一个致命的错误：总是诅咒我们的对手，或是因为我们遇到了对手而失魂落魄。这恰恰错了，你应该为我们遇到了这样一个对手而庆幸。我们要成功要幸福，竞争就是你的伙伴，没有竞争，我们发现未知幸福的动力就无从找寻，我们梦寐以求的成功也就渐行渐远。欣赏你的对手，他们能帮你弥补你的不足。残酷的竞争并不可怕，既要迎难而上，也要保持良好的心态。无论结果如何，我们还是应该对未来抱有美好的期待。

 幸福悟语：

"要成功，需要朋友；要取得巨大的成功，就需要竞争者。"有竞争才有发展，因为有了竞争者的存在，才会努力地做好自己的事，所以，有时候，竞争者比朋友的力量更大，欣赏你的对手，你的博大会令你更加强大。天下没有永远的竞争者，却有永远的朋友，有些时候，竞争者也可以变成朋友。竞争是一件很正常的事情，从我们还未来到这个世界的时候竞争就已经开始了。欣赏并感谢对手吧，因为正是他们，使你变得伟大和杰出。

别让过度执着的枷锁禁锢了你的幸福

我们常说，坚持到底就是胜利。可是，当我们的坚持迟迟等不到结果的时候，我们是否应该考虑为自己调整方向呢？为了一份沉闷的工作，一段无益的等待，而让青春悄悄从手中溜走是不是有点太不值得？职场的幸福，需要我们灵活变通；追求职场幸福，就应该及时地解开固执的枷锁。

经过一段时间职场的历练，我们被职场大浪冲刷得没有了棱角，随波逐流，滚到哪是哪儿。我们在理想和现实中穿梭，为了一个不切合实际的目标我们拼命奔跑在这个平台，不忍放下这份执着。有目标的工作让人们充满了无穷的动力。但现实情况又让他们感到无可奈何，十字路口，我们该何去何从呢？

执着过度也是种固执，固执是一种偏执型人格障碍。这类人具有敏感多疑、好嫉妒、自我评价过高、不接受批评、易冲动和诡辩、缺乏幽默感等特点。固执的人常常发生与朋友分手、与恋人告吹、夫妻不和、父子反目等情况，因而可以说，固执是职场中人际交往的大敌。固执可分为感觉性固执、记忆表象固执、情绪固执，这些心理现象可以连成一体，形成一种习惯，当别人破坏这种习惯时，就会使个体产生不愉快、不舒服，甚至苦恼的情绪，从而引发攻击性行为，表现出与幸福相背离的事情。

高效率的现代社会，人们总喜欢给自己加上负荷，轻易不肯放下，自诩为"执着"。人们常常执着于名利，执着于幻想的美梦，执着于空想的追求。数年光阴逝去之后，无数的精力付出之后，才嗟叹人生的无为与空虚。我们常常自我勉励："我一定要拿下这个项目"，"我一定要升职"……可是很多时候，这些理想与追求反而成为了我们生活的一种负担，它让我们背离了幸福，给自己戴上了枷锁。

28岁的王丹专科毕业后，应聘到一家建筑设计院工作。当初毕业前她来这家设计院实习时，由于勤奋踏实，表现不错，所以尽管设计院当时已经超编，但是院长还是顶着压力聘用了她。由于当时编制所限，只能安排她做资料员，但是院领导多次找她谈话，暗示她这只是暂时的，希望她不要有压力，要多钻研业务，院里缺的是设计精英，根本不缺资料员，只要她能表现出自己的实力，一有机会就将她调出资料室。可是王丹却不这么看，她觉得自己之所以受到"冷遇"，所谓的编制问题只不过是一个借口而已，其实是别人觉得她文凭太低，于是她从一开始当资料员那天起，就厌烦这个工作，因为这离她的理想太远，她想做设计工程师，可是她设计的几个方案，无一例外地都被毙了。她很虚荣，总想在设计院出人头地，看走业务这条路不行，她就想在学历上高人一头，于是一心想考研究生，甚至还规划好了研究生读完再读博士。

于是，在每天上班的时候，王丹都是捧着外语书看，有人跟她开玩笑说："设计院真是埋没人才呀，让这么博学的人当资料员，不是浪费人才吗？"她总是一副不屑的神态："别着急呀，几年之后你再看看，我想给他们个机会，看他们敢不敢用博士学历的资料员。"

可毕竟现实与理想之间是有着很大差距的，由于底子太差，王丹连续考了三年都没有考上研究生，于是院领导就找她谈话，想鼓励她多钻研点业务，拿出过硬的设计方案来，争取将来能转为设计师。实际上，设计院当时已经有了一个专业设计人员名额，院领导对她真可谓是用心良苦了。但是她权衡来权衡去，觉得还是应该先把硕士学位拿下来再搞业务比较好。她觉得，反正自己已经是设计院的人了，搞专业什么时候都可以，就算再来新人也得在她后面吧，否则自己的专科文凭将使自己在设计院永远抬不起头来。

　　但是她错了，设计院本来就是一个萝卜一个坑，每个人都要能踢能打，长期放着这么个不出彩的人，不但同事怨声载道，领导也开始着急了。就在这时，来了一个实习生，设计出来的方案很有新意，院领导犹豫再三，最后还是把这个实习生要来了。按理说，如果王丹此时及时醒悟还是来得及的，但是这时候，她正专心致志地沉浸在她的那些英文单词里，她甚至和同事说，她学英语好像开窍了。那时她的确非常刻苦，走到哪里，都戴着耳机，还经常把自己锁在资料室里，谁敲门也不开，别人查找资料，只能打电话给她。

　　终于有一天，院长非常客气地找她谈话，委婉地表示：设计院虽然有很多人，但每个人在各自领域中都必须具有自己的贡献值和不可替代性，可是她却一点也没有，没有人能长久容忍一个出工不出力的人，所以她从现在起待岗了。

　　王丹这才慌了，她爱建筑设计，她不想离开，于是她恳求院长说："院长，你能不能再给我点时间，等我把研究生考下来再说？"院长问："研究生考下来之后你还有时间干活吗？真是人各有志啊，我给了你多少次机会，你哪怕抓住一次，也不至于落到今天的地步，也许院里还能多一名优秀的设计师呢。"

152

这个故事说明了，在激烈竞争的职场上，固执的王丹为自己不切实际的计划付出了惨痛的代价，她曾是那样地喜欢设计院，喜欢她目前的这个职业，别人也给了她这个机会。但不幸的是，她没有把手头的工作做好，而一味地把希望寄托在离自己很遥远的其他目标上。她的幸福挫败感就来源于她不识时务地"一条道走到黑"，没有及时调整自己的方向和道路。

职场上，一个人有主见、有头脑，不随人俯仰，不与世沉浮，这无疑是值得称道的幸福好品质。但是，这还要以不固执己见，不偏激执拗为前提。无论是做工作还是处世，头脑里都应当多一点辩证观点。死守一隅，坐井观天，把自己的错误见解当成工作的好方法，这是职场上追求工作效率的大忌，如果不认真纠正这种"关羽遗风"，就很有可能会使自己误入人生的"麦城"而转不出身来。如果不及时地调整方向，人生可能永远是败局。

工作快乐的人是不会把注意力永远放在已无法改变的结果上，而是会把挫折和困难看作是一次成长的机会。研究显示，应变能力和积极的心态也会产生生理效应，有益身体健康。当事业遇到死胡同时，让自己及时做个 U 型转弯，没什么不能重新开始。

我们要学会自我调适，实际上就是学会工作重压下自己调整自己的情绪。它的方式是多种多样的。比如在工作心烦时，闭上眼听上一段音乐。孤独时，上上网或拨通一个朋友的电话。有时候闲聊能调适你紧张郁闷的心情，但要记住，聊天要适可而止，千万不可聊起没完没了，那样别人会对你产生反感，下次你就再也找不到聊伴了。

职场中调整自己，就要学会舍弃，当你放下那些大而美丽的目标，选择伸手可及的目标时，或许能柳暗花明，让你触摸到实实在在的幸福。

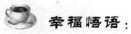 **幸福悟语：**

　　固执的你，得到你职场的幸福了么？要是能回到过去某个时刻，你还会作那样的决定么？你作作了你的选择，是否也开始后悔，如果当初不那样做是不是现在会过得更好一些呢？因此，就让我们勇敢地打开固执的枷锁，工作要量力而行，将自己尽可能地释放出来，还我们一个轻松、自在的自我，快乐工作，拥抱幸福！

6.呵护盛开的玫瑰
——营造爱的浪漫氛围

　　幸福，始终是身在爱恋中的人的最大守候。幸福的定义在每个人的心里不尽相同，但甜蜜的感觉则是一样的。幸福在恋爱中的女孩眼里，可能是一个月朗风清的夜晚，王子骑着白马带着她飞到遥远的森林，手里捧着玫瑰花，对她说着甜蜜的话；幸福在已婚的女人眼里，可能就是和孩子、丈夫在一起，周末全家一起出去旅游，丈夫下班回家后坐在一起聊聊天，其乐融融。盛开的玫瑰需要用心呵护，要想幸福长久，你就得用发现的精神，营造幸福的氛围，让身在其中的人更加幸福！

爱就要让她/他知道

茫茫人海，因为那惊鸿一瞥，今生难以忘怀，因为那傻傻的约定，注定牵手一生。人一生很短暂，我们就因了那低头的温柔，因了那回眸的魅力，无论贫穷富裕、无论环境好坏、无论生病健康，我们相互承诺，你的就是我的，你中有我，我中有你，你往哪里去，我往哪里去。而在此之前，你们的缘分全靠用推销自己去赢取，因为执子之手，本身就代表一种幸福，一种责任，一种缘分，一种与生俱来的心动。

追寻爱情，它会在真正懂爱情的人身上生根，能越演越烈，能有灵有性，有情有血有泪，用生命用灵魂用一切的最真去爱对方。爱情能感动你，能让人时刻都想着对方，自然，你也不会做有违良心的事，做对不起她的事。这样的真爱很纯洁、很崇高。赢得爱情的成功，你的自我推销技巧不可忽视。

面对我们心仪的人，直接大胆地追求未必奏效，而采用一些方法，会让你不失胆量又轻而易举地赢得爱情。而其中自我推销的方法就必不可少，在心仪的人面前推销自己，会让自己自信心大增，会让自己优秀的一面不自觉地展现而形成习惯，伴随着你爱情的成功，事业也会一路坦途。

沈从文是现代著名作家、历史文物研究家，他上海公学任教时，见到他的学生张兆和，很快就爱上了这位大家闺秀，并展开了对张兆和的疯狂追求，虽然在开始的时候并不顺利，甚至还遭到了一些挫折，但他并没有气馁，给她写过很多的情书。张兆和收到了那么多的情书，不知道该如何是好，所以就拿着沈从文的情书去找胡适校长。结果胡适反而劝张兆和，劝她嫁给沈从文。这是沈从文追求张兆和的过程中一个重要的转机。张兆和的思想出现了动摇，两个人的恋爱就要步入正常的轨道。

等张兆和回到苏州老家后，沈从文并未停止追求的步伐，他带着巴金建议他买的礼物，即一大包西方文学名著敲响了张家的大门，并得到了其二姐张允和的好感，张允和就让妹妹大大方方地把老师沈从文请到家里来，兆和终于鼓起勇气回请了沈从文。心潮澎湃的沈从文回到青岛后，立即给二姐允和写信，托她询问张父对婚事的态度。至此，张兆和答应了订婚，他们成了一辈子的恩爱夫妻。

以上故事为我们展现了沈从文大师在恋爱时的一段佳话，沈从文在爱人面前执着追求、孜孜不倦，并且在追求、爱恋张兆和的过程中，他写下很多动人的文字。他先是用情书"狂轰滥炸"，又得到了校长胡适的支持，勇敢地登门拜访，得到了张家人的认可，争取到一切有利的条件，最终顺利地赢得了爱人。

男女交往中，对方在不经意间说出他/她的某些爱好、打算去做的事、过去的经验等，如果被有心的你暗暗记下来，在一个适当的时机重新提起，这时对方往往会受到极大的感动。因为他会认为自己是被你关心的，自然而然就将你的做法自以为是地理解为对自己的关注。"他可能会忘记了别的事情，但一定不会忘记我的事"，甚至暗自窃喜"他这么关心我"！这种感动很容易转化成对你的强烈的信赖和依恋。此时，你的技巧性推销也将获得成功，幸福计划也有望实现。

太过坦白对增进感情并无帮助，恋人之间的吸引力更多地来自对方的神秘感。保留一点个人的小秘密，令对方不时有新的发现，更有助于巩固彼此的感情。

此外，碰到你喜欢的人，一方总是不好意思直接表白，但是总不能就这样一再错过下去，而是应该适当地掌握好追求的小技巧，去主动、大胆地推销自己。哪怕是失败了，也不让内心留下遗憾。比如在路边相遇，要敢于主动上前搭话，尽管交谈的内容没有几句，但有了第一次的交往，说不定就此迈出了恋爱的第一步。此外适当地在交流中留下一些小小的悬念，保持好自己的那份神秘感，就算对方一时摸不着头脑，但至少让对方对你留下非常深刻的印象。

 幸福悟语：

做个与众不同的人只是心态问题。你无须家财万贯、倾国倾城，幸福来自于对自己有此感受，关键是有与众不同的心态，一种要散发出的自信感与光芒，它表现在你微笑的方式、语气、表情及呼吸舒缓、站相和步行姿态上。赢得幸福，需要巧妙地展示自己，靠智慧赢得真爱。

爱情总有美丽的遗憾

人们往往喜好追求完美，认为完整才能体现美丽，完整一旦破碎，就造成了缺憾。然而完整的美丽却往往在破碎的缺憾中，才得到淋漓尽致的释放。有一种幸福，就是爱情的缺憾，这种缺憾中蕴涵的美丽常常被人忽略。正如五光十色的焰火，装点着节日的夜空，它正是礼花弹破碎之后才释放出来的美丽。

在幸福世界里，我们认为得不到的东西，就一直以为它是美好的，那是因为我们对它了解太少，没有机会认真地思考。有一天当我们深入了解后，会发现原来它并没有想象中的那么美好，很多朦胧中的感情就是如此。或许因为意外，很多东西我们没有得到，可这并不一定是坏事，就像很多时候我们的生命需要有一种叫作缺憾的美。

相处很长时间的感情，由一方亲手葬送，一切都像做梦一样。平静地说分手，不会再见，不会再联系。真的心里读不懂那些含蓄的表达，心里对对方再也没有半点爱情的感觉。不知道为什么会这样，是恨自己太过理智，还是不知道什么时候开始，对爱情的感觉发生了变化。

两个完美的人，或是性格有差异的人是不可能结合的。换句话说，两个无论家庭条件、事业、人品不相伯仲的人，最终是不可能结合在一起的。最终才发现，有缺憾才是最完美的。没有缺点，就无法互补。没有争吵的爱情，只能停止不前，只能退步。每天都以礼相待，感觉很累，很虚伪，很不踏实。

不管爱还是不爱了，总还是有感情存在，长时间的相处，一下子就不再联系，心理上总要有一个缓冲，虽然对方已经不是适合自己的那个人，但是相处的时候彼此都是认真的，不可能说忘一下子就会忘记。

请看下面一则故事：

窗外的阳光暖暖地照在女孩躺的病床前，男孩坐在旁边的椅子

上，用红肿的眼睛无比爱怜地凝视着女孩，急切地盼望着女孩能尽早醒来。

他们是一对恋人，在一场车祸中，女孩不幸受了重伤，她静静地躺在医院的病床上，几天几夜都没有醒过来。白天，男孩就守在床前不停地呼唤毫无知觉的恋人；晚上，他就跑到小城的教堂里向上帝祷告，他已经哭干了眼泪。

一个月过去了，女孩仍然昏睡着，而男孩早已憔悴不堪了，但他仍苦苦地支撑着。终于有一天，上帝被这个痴情的男孩感动了。于是他决定给这个执着的男孩一个例外。上帝问他："你愿意用自己的生命作为交换吗？"男孩毫不犹豫地回答："我愿意！"上帝说："那好吧，我可以让你的恋人很快醒过来，但你要答应化作三年的蜻蜓，你愿意吗？"男孩听了，还是坚定地回答道："我愿意！"

天亮了，男孩已经变成了一只漂亮的蜻蜓，他告别了上帝便匆匆地飞到了医院。女孩真的醒了，而且她还在跟身旁的一位医生交谈着什么，可惜他听不到。

几天后，女孩便康复出院了，但是她并不快乐。她四处打听着男孩的下落，但没有人知道男孩究竟去了哪里。女孩整天不停地寻找着，然而早已化身成蜻蜓的男孩却无时无刻不围绕在她身边，只是他不会呼喊，不会拥抱，他只能默默地承受着她的视而不见。夏天过去了，秋天的凉风吹落了树叶，蜻蜓不得不离开这里。于是他最后一次飞落在女孩的肩上。他想用自己的翅膀抚摸她的脸，用细小的嘴来亲吻她的额头，然而他弱小的身躯还是不足以被她发现。

转眼间，春天来了，蜻蜓迫不及待地飞回来寻找自己的恋人。然而，她那熟悉的身影旁站着一个高大而英俊的男人，伤心欲绝的蜻蜓跌落在地面上，差点被来往的行人踩死。人们讲起车祸后女孩病得多么的严重，描述着那名男医生有多么的善良、帅气，还描述着他们的爱情有多么的理所当然，当然也描述了女孩已经快乐如从前。蜻蜓伤心极了，在接下来的几天中，他常常会看到那个男人带着自己的恋人在海边看日出，晚上又在海边看日落，而他自己除了偶尔能停落在她的肩上以外，什么也做不了。这一年的夏天特别长，蜻蜓每天痛苦地低飞着，他已经没有勇气接近自己昔日的恋人。她和那男人之间的喃喃细语，他和她快乐的笑声，每每令他感到窒息。

第三年的夏天，蜻蜓已不再常常去看望自己的恋人了。她的肩被男医生轻拥着，脸被男医生轻轻地吻着，根本没有心思去留意一只伤心的蜻蜓，更没有心情去怀念过去。上帝约定的三年期限很快就要到了。就在最后一天，蜻蜓昔日的恋人跟那个男医生举行了婚礼。蜻蜓悄悄地飞进教堂，落在上帝的肩膀上，他听到下面的恋人对上帝发誓说：我愿意！他看着那个男医生把戒指戴到昔日恋人的手上，然后看着他们甜蜜地亲吻着。蜻蜓流下了伤心的泪水。

上帝叹息着："你后悔了吗？"蜻蜓擦干了眼泪："没有！"上帝又带着一丝愉悦说："那么，明天你就可以变回你自己了。"蜻蜓摇了摇头："就让我做一辈子蜻蜓吧！"

这是一则童话，却并非只是写给孩子们看的。它告诉我们，爱情里总会有些美丽的遗憾。

恋人关系经历了重重历练，幸福的味道才更芳香四溢，只有经历了这样的过程，幸福才会破茧而出。恋人陷入矛盾的沙堆中无法摆脱时，应立刻放掉自尊和固执之"气"，这样二人才能恢复正常生活。恋人之间被对方比作自己最好的一个顾客时，就会保持一种美妙的关系。经过生活的历练，我们不是在明白爱情的道理之后再结婚，而是

161

通过婚姻理解了爱情的真谛，也是经历了美丽的遗憾后，才会品尝幸福的滋味。

　　爱情里，可能会因为沟通、距离、技巧等造成不同的爱情缺憾，但缺憾往往会造就另一种幸福。比如沟通，你不说她可能认为这样就是最好的；比如距离，有人说距离产生美，小别胜新婚，这是真的：比如技巧，恋爱要有技巧，这不是欺骗，而是让恋爱有滋有味的法宝。保持一定的距离，让她对你总怀有神秘感。当你很神秘时，你不理她她也会整天缠着你。整天腻在一起，你那点小神秘被发掘完了，人家就要消失了；又比如自由，据统计两个人分手的原因有相当大的比例是因为爱的太深，让对方无法承受而选择放弃。给对方足够的空间和自由是必须的。

　　或许有人认为，天底下没有真正完美的爱情，爱情都是有遗憾的，也许正因为这个遗憾才使爱情变得更有味道，更值得去品味。爱情和情歌一样，最高境界是余音袅袅，最凄美的不是报仇雪恨，而是遗憾。最完美的爱情，必然有遗憾。那遗憾化作余音袅袅，长留心上。最凄美的爱，也不必去呼天抢地，只是相顾无言。爱情的缺憾有时候也是一种幸福。正因为有所期待，才会失望。缺憾，也是一种幸福。

 幸福悟语：

　　有些缘分注定是要失去的，有些缘分是永远不会有完满结果的。爱一个人不一定要拥有，但拥有一个人就一定要好好去爱他。也许正是缺憾造成的美丽才更令人震撼，缺憾是完整的破碎，犹如陨石撞击时产生的流星雨，流光溢彩，装点着美丽的夜空。人生必定有许多缺憾，有缺憾就一定有过真正的生活，也一定有过曾经的辉煌和美丽。

而这些在辉煌中没有显现的美丽，恰恰在破碎之后，成了生命印记中不可磨灭的美丽珍藏。

现世安好，留给对方足够的空间

爱情是一门很高深的学问，夫妻关系更是一门重要的科学，在爱情与婚姻里体味幸福更需要高深的智慧。纵观古今中外的爱情故事和天南海北的夫妻关系，其中最重要的一个诀窍就是："留给对方足够的空间。"多给对方的空间就是多给自己的空间，就是多给爱情的空间，就是多给夫妻关系的空间，这样的爱情才会是永恒的，这样的夫妻才能够白头偕老，这样做的人才会体味恒久的幸福。

有些人生性多疑，总抱着窥探别人的心理，还有时，把别人当成自己的私有财产，一种霸占或占有的欲望过于强烈，这些都属于一种不健康的心理。

爱，虽然自私，但是它也需要给对方一段距离，过于近时，常会眩晕，看不清别人也看不清自己。距离产生美，但也不是让你远得不可触及。所以，年轻人，办事不可以太冲动，搞不清状况时不要轻易下结论。

很多人将自私的信念奉为终生的守则，扼杀了婚姻里双方的幸福人生，十分可惜。例如："我属于你、你属于我"的概念，促使双方错误地以为有权利去要求对方对自己必须绝对坦白，有权利针对任何事情去盘问对方、取得任何资料。问题是，就算一个人愿意，恐怕他也无法将自己对任何一件事的认识、感受、与其他人事物的关系完全说清楚。在很多的两人关系里，就是因为这个错误概念而产生了冲突。我们可以去问任何一对和谐恩爱的夫妻，他们会告诉你，他们并不知道对方的很多事，也不知道对方对很多事情的看法和处理，他们是凭着对对方的信任维持美满的关系。我们绝对找不到一对能够真正彻底"完全坦白"的夫妻，因为就算他们愿意，事实上也很难做到。

请再看下面一则故事：

一个准备出嫁的女孩问自己的母亲：如何才能经营好婚姻？

母亲什么也没说，捧给女儿一把沙子。她要女孩攥住沙子，想办法让沙子留在手里的尽量多些。女孩拼命地攥紧这把沙子，结果沙子却从她的指缝间流掉了。母亲又给女孩一把沙子说："这次你尽量放松，不要攥的这么紧。"女孩照做了，结果留在手里的沙子比上一次多了好多。

这个故事告诉我们，对待婚姻的伴侣如捧沙子一样，你越抓得紧，就越是得不到对方。所以放开一切，顺其自然，相信一切缘分都是注定的，至少你还留下一些很美的回忆。

纵使是热恋中的人，也不能不给对方留一点余地，一个人多疑，就不会赢得对方的尊重，又怎么能够将爱情持续到底？人和人之间需要最起码的尊重，不管是关系有多么亲密总要给对方留一些空间。

生活中的每一份感情关系里，不论是恋人关系或是夫妻关系，两个人必须是平等的，双方也必须是以平等的态度对待对方，只有这样才有基础去建立和谐美满的相处关系。凭着这个基础，幸福感才能建立起来。

爱的烂漫氛围是一份包括两个人的感情关系，构成单位当然就是两个"个人"。每一个"个人"都需要保持一些"个人"的不同之处。这是每一个人的权利，亦是人生的需要，就像每个人都需要呼吸的空气。所以，有足够的空间，以保持"个人"的不同之处，这是肯定每一个人"个人"地位的表现，是维系良好感情关系所必需的。足够的个人空间，对方需要，自己也需要，不能扼杀了对方的空间，也不能为了表示对对方的爱而放弃自己的空间。

在爱情与婚姻里，如果你不懂得尊重对方，那么你又如何去爱对方，又怎么去接受对方的爱呢？尊重恋人和伴侣的同时也是在尊重自己。我们常说要面子，其实面子是自己挣出来的，而不是别人给的。营造幸福的爱情，就需要彼此之间多留给对方一份足够的空间，也许会更好，要懂得一个道理，再美的天使也需要一份自由的天空。假如彼此之间没有互相的尊重，再美的爱也会将距离拉得更远。如果缺少信任，爱情将无从谈起，如果真的爱对方，就要绝对地信任对方，信任的同时也是在给自己增加一份自信心，无论因为何事，彼此猜疑，只能让爱情流产。缺少尊重，没有信任的爱情，也许只能说是感情的玩弄者。发现你未知的幸福，在爱情与婚姻里，就从信任真爱开始吧！

 幸福悟语：

恋爱与婚姻的幸福需要经营，生活中的很多事情都是这样，往往抓得越紧，失去的可能性就越大。我们没有必要再去纠缠一些枝节小事，就是如今出现一些感情上的偏差，也要认真查找自己身上的缺点和不足，想办法改进自己以便增进双方的感情。人们往往认为，得不到的就是最好的，但为何不去珍惜你所得到的呢，要知道珍惜比竞争更来的美好！

丢掉情感垃圾，轻装上阵再出发

摔跟头，犯错误，并不可怕，可怕的是舍不得放弃。驻足于你砸的这个坑前，忘记了前行或是不敢前进。不要总是去"欣赏"这个坑，不要总是把遗憾挂在嘴上。人生总有这样那样的数不清的遗憾，这才是人生的魅力。丢掉那些不值钱的情感垃圾吧，轻装再上阵你会获取很多。回头看的时候，你会发现，十全十美的人生也许就是最没意思的人生呢！

大多数人都谈过恋爱，有恋爱就有可能失恋，而每一个人走向独立也就是在失恋的基础上，得到了成长，得到了领悟。

是的，也许你真的很难忘。可那些曾经惊天动地的感情，浪漫的片段，毕竟是曾经。人生路漫漫，遥不可远望。我们要继续前行，去放眼未来。可以在赶路的同时，去回头看看。自己在心里想想，是什么原因，那些人没有陪伴自己继续赶路。分析出原因，我们可以去改进，丢掉那些失意的回忆，以后避免那些错误发生。就算是你伤害了某人，或者某人伤害了你。又怎么样呢？伤害你的人帮助你成熟。被你伤害的人，你使对方成熟。分析你们分手的原因，一定要理智、客观。只有这样，你才能脱离失恋的阴影，丢掉情感的垃圾，你才会知道自己下次恋爱该怎么做。

失去了一段恋情，绝对不能失去对生活的判断，也绝对不能丧失对真情的期待和向往，不能因为对方的"不选择"而对自己的幸福来一个全盘否定。陶渊明说，悟已往之不谏，知来者之可追。实迷途其未远，觉今是而昨非。用今天的眼光和标准去判断昨天的事，就会发现诸多问题。有些遗憾可能还能弥补得了，则还有许许多多的遗憾就永远无法弥补了。过去终成历史了，不必总去回想！

既然伤心的事情已经过去了，就让它随风而逝吧，丢掉从前的种种，放宽心态，遥望远处，也许有人正在等你继续走完人生路呢！而那个曾经的她或他，最终也会找到能够陪伴他继续前行的人，大家都在往前走，只不过在岔路口分开罢了。衷心地祝福对方，去祝福使你成熟的她或他，祝福他们前路走的平坦些，因为在你这里，曾经跌倒过！可都好不容易爬起来了，就不必再次跌倒了。

丢掉情感垃圾后，我们要做的就是憧憬了，继续憧憬以后的生活，特别是在我们认知了自己是怎样的人以后，更加要期待明天。正如歌曲所唱的："我不再轻许诺言，不再为谁而把自己改变，历经生活试验，爱情挫折难免，我依然期待明天。"

请看下面一则故事：

有个女孩，从初中开始起，就和班里的一个男同学好上了。大学毕业以后，她如愿回到了家乡，和他的关系也得到了两家大人的欢喜认可，未来的日子仿佛已经铺陈开来。可有一天，他们分手了，只因他始终不愿意结婚。失去母亲、渴望一个家庭的她甚至说那不结婚先订婚也行，对方不语。她说那如果订婚都不行的话就分手吧，对方沉默。

失恋的日子她有些魂不守舍，眼神都有些呆滞。不过，除了天天和朋友出去排解寂寞，她同时也积极地尝试其他关系的可能性，而没有在痛苦里故步自封。于是，现在的她，已经有了一个幸福的家庭，里面住着疼她的老公和健康的宝宝。

另一个女人，经人介绍认识了一个帅气的小伙子。他们在相爱的时候，看对方的眼神都会变得温柔。结婚顺理成章，日子却总是有些不快。在爱的激情背后，双方性格的矛盾日益突出，对于能干的她，老公还总是有诸多挑剔。对于只想过简单日子的她，却总是要担心老公不知道什么时候又会突然发火。

在长久的挫败和抑郁之后，离婚是"水到渠成"，可突然那男人反悔了，原因是按照协议他拿了房子应该归还她10万块钱，可他说没有这笔钱。她问："那如果我不要这些钱的话，是不是你就同意离婚了？"对方说："是的。"她说那好吧，她净身出户。离婚后的孤独和压力她都坦然面对，偶尔实在扛不下去了就自己干掉半瓶红酒然后一觉睡到天亮，只是醒来以后照常生活。终于，现在的她有了能让她体会到"安定"感觉的家庭。

故事里的两位平凡的女性让我们不得不佩服，尽管她们都很普通，也曾经遭受挫折，但她们都很有生活的朴素智慧，用日复一日的克制和冷静对付心碎，久而久之，坚持下来，她们不但把原来的悲伤甩在脑后，而且还收获了不错的新果实。

你很聪明，也很漂亮，但是说到底，在面对别人和他们的生活的时候，你只能算是"另外一个人"。你真正能够摆平的，不是世界，更不是他人，只有你自己。而实际上，当你在改变自己的时候，你或许会忽然发现，世界和别人不知不觉间已经是你原来希望的模样了，所以说，改变自己远胜于改变他人。

爱情中的矛盾和纠纷说不清谁对谁错，恋爱中的人需要的是相互的理解和包容。事实上，性格再好的人，在爱情中也有让人无法忍受的那一面。爱就像一面镜子，问题是，在照见了风雨之后，你能否不被风雨所干扰，能否坚持自己内心的从容与勇敢呢。深爱的对方离开了你，你能否将这种爱转化为一种默默的爱，而不是不平衡，更不应该是恨。并且，真正的爱需要宽容，我们应该"以责人之心责己，以恕己之心恕人"，将情感的负面垃圾统统丢掉。宽容，会让自己的路更宽广，你的人生也会别有一番滋味。

再者，爱情只是人生旅程中诸多重要事情中的一件，而不是全部。同时，爱与被爱同样需要能力，也是需要通过学习来提高的，这种学习将使你的心智更加成熟、人格更加健全。那时，你经营爱和把握爱的能力会更强，也会收获真正属于你的爱。我们要及时调整自己，走出情感的漩涡，不必再折磨自己、折磨对方，与其相互折磨，不如提高自己爱的能力，将来或许有一天这份爱又不期而至地回到你的身边。

 幸福悟语：

虽然世上没有治疗情感伤痛的药，我们只有期待时间来抚平伤痛；但我们还可以用一些积极的行动来保持自信和尊严，减少自我伤害，继续往前走！如何早日抚平情感的伤痛，我们可以乐观地看待事情、转移注意力、倾诉、多想对方的不好等方法丢掉情感垃圾，我们在伤痛的时候微笑、美丽着，这种美丽才是永远的美丽！

用心描绘幸福，婚姻要有自己的调色板

当婚姻进行曲响起，你们的缘分开启了一个新的篇章。你对所有人说，你是爱对方的，但这种爱应该怎样表现呢？恋爱的时候，你喜欢对方的很多很多。而到了现在，你仍然应该将这种欣赏长时间地保持下去。婚姻，不是爱情的坟墓，而是一次神奇的探险，当你们在一起并肩作战的时候，你也许会发现对方很多以前你没有注意过的优点和特质。

家庭是社会的一个最小的单元，夫妻之间不能计较得失，两人只有同舟共济方有幸福的生活。在家庭中唯一的目标就是使家庭生活幸福、美满，为实现这一目标，你们的婚姻要有自己的调色板。

当一个人的生活变成了两个人的天堂，另外一个人从此走进了你的世界，作为 30 岁的男人，你一定感到很幸福。但有些人多少会对婚姻有一点点小担心，担心这份温馨和浪漫不能长久，担心自己的老婆有一天会成为"红太狼"。总而言之，还是怕失去幸福，如果你正每天生活在这样的境况里，那么就要想一个办法，怎样能够让自己的这份幸福保持下去。

想想你们刚认识时候的场景吧，尽管异性相吸是人之常情，但也不是我们随便遇到一个人就会有感觉。除了这辈子的缘分以外，对方一定有很多值得你欣赏的地方。比如他的微笑，他的内涵或幽默。总而言之，对方就这样征服了你的心，尽管这样说有些肉麻，但这确确实实是一个无可争议的事实。

爱情之所以甜蜜，除了互相关心以外，还在于相互欣赏，如果你可以把对爱人的这份欣赏坚持下去，那么你们之间的感情也会更加温馨甜蜜，而对方也一定会因为感动而更加尽心尽力地关心你、帮助你、照顾你。这样和谐的家庭氛围难道不是你一直追求的吗？所以从现在开始做一个聪明的好丈夫或好妻子，不要吝惜你的赞美，用心地去欣赏自己的爱人，像当初恋爱的时候一样，那么你的婚姻一定会是充满幸福的。

这时候忽然想起了这样一个故事：

有一位画家以其作品富有生命气息而闻名，同时代的画家无人能比。人们看了他的画，都说他画得活灵活现、栩栩如生，他真是一个天才的画家。

的确，他的画作实在是杰出的艺术品。他画的水果似乎在诱你取食，而他画布上开满春花的田野让你感觉身临其境，仿佛自己正徜徉在田野中，清风拂面、花香扑鼻。他画笔下的人，简直就是一个有血有肉、能呼吸、有生命的人。

一天，这位技艺出众的画家遇见了一位美丽的女子，顿生爱慕之情。他细细打量她，和她亲密地交谈，越来越产生好感。他对她一片赞扬，殷勤关怀，无微不至，终于使女士答应嫁给他。

可是婚后不久，这位漂亮的女士就发现丈夫对她感兴趣原来是从艺术出发而非来自爱情。他欣赏她身上的女性美时，好像不是站在他矢志终身相爱的爱人面前，而是站在一件艺术品前。不久，他就表示非常渴望把她的稀世之美展现在画布上。

于是，画家年轻美丽的妻子在画室里耐心地坐着，一坐就是几个小时，毫无怨言。日复一日，她顺从地坐着，脸上带着微笑，因为她狂热地爱他，希望他能从她的笑容和顺从中感受到她的爱。可是他没有。

有时她真想对他大声喊："爱我这个人，欣赏我这个女人吧，别再把我当成一件物品来爱了！"但是她没有这样说，只说了些他爱听的话，因为她知道他绘这幅画时是多么快乐。

画家是一位充满激情，既狂热又郁郁寡欢的人。他完全沉浸在绘画中的时候便只能看见他想看见的东西。他没有发现，也不可能发现，尽管他美丽的妻子微笑着，但她的身体却在衰弱下去，内心正在经受着折磨。他没有发现，画布上的人日益鲜润美好，而他可爱模特脸上的血色却在逐渐消退。

这幅画终于接近尾声了，画家的工作热情更为高涨。他的目光只是偶尔从画布移到仍然耐心地坐着的妻子身上。其实只要他多看她几眼，看得仔细些，就会注意到妻子脸颊上的红晕消失了，嘴边的笑容也不见了，全部被他精心地转移到画布上去了。

又过了几周，画家审视自己的作品，准备作最后的润色——鼻子上还需用画笔轻轻抹一下，眼睛还需仔细地加点色彩。

妻子知道丈夫几乎已经完成了他的作品，精神抖擞了一阵子。当画完最后一笔时，画家倒退了几步，看着自己巧手匠心在画布上展示的一切，画家欣喜若狂！

他站在那儿凝视着自己创作的艺术珍品，不禁高声喊道："这才是真正的生命！"他整个人已经陶醉在那幅画像里了，当他转向自己的爱人时，却发现她已经死了。

故事里画家的悲剧在于他不会欣赏妻子的温情与美丽。婚姻不是工作，画家忘记了在婚姻中他是丈夫，却在用职业的眼光欣赏妻子，而那不是她需要的欣赏。

所以作为婚姻中人，你一定要掌握欣赏爱人的技巧，欣赏对方期待你欣赏的那一部分，这就是维系你们婚姻幸福的独门秘籍。当妻子对丈夫展现出温秀娇媚，丈夫就应欣赏并赞美妻子的柔情；当妻子对丈夫宽容放纵，丈夫就大方地夸奖妻子的雍容大度……这样一来何愁夫妻不恩爱，婚姻不幸福呢？

婚姻是一辈子的事情，这需要两个人长长久久地相处在一起，如果这个时候没有相互欣赏的存在，那么你们的爱迟早会有厌倦的那一天。所以，如果你希望得到一生的幸福，从现在开始改变自己的态度吧，当你们对彼此越来越珍惜时，那么你的家庭将会永远充满幸福快乐的美妙旋律。

幸福学家告诉人们，爱情要遵循理想的原则，婚姻要遵循现实的原则。而婚姻的最大难题，就在于如何能把这几样统一起来。美国《心理学月刊》有过这样的研究报道，夫妻双方如果想要提升婚姻的质量，夫妻彼此都应养成一些好习惯：比如不向朋友抱怨爱人，那些经常向他人诋毁爱人的人是靠不住的。况且，那些负面评价一旦被爱人知晓，反而会激化夫妻间的矛盾。夫妻间还应知道什么时候该保持沉默，双方彼此折磨，只会加速婚姻终结。争吵时，理智的一方应勇敢地提出"让我们深呼吸，各自冷静一会儿"。家庭要理好财产，不要让严重的家庭财务危机腐蚀原本和谐的夫妻关系，哪怕彼此再坚强、感情再好，都敌不过债务的压力。夫妻间要一起欢笑、找乐子促成亲密感，那些能把欢乐带回家的爱人才可以营造幸福的家庭。

人无完人，夫妻双方为了更加幸福，就要扬长避短，异质互补。一旦有了正确认识之后，就要主动地容纳对方。比如，可以让善于交际的一方主外，做事心细的一方来理财。彼此双方的经历、兴趣和脾气不同，即为"异质"，异质是能互补的。比如，急性子慢性子相配，相互间能注意互补，往往会刚柔相济，急慢相和，动静相宜，进而相得益彰，营造幸福也会更加容易。

尽管人的性格是很难改变的，但夫妻双方也应该注意逐步克服自己的不足之处。比如，性子过急的，要用心克服自己的急躁情绪，办事再沉稳一些；性子过慢的，则应办事再注意一下速度。但应该注意的是，千万不要想着改造对方，而是要尊重对方，帮助对方。这样，夫妻之间一定会和谐、美满，生活会更加幸福。

 幸福悟语：

爱对方就要学会欣赏对方，管好家庭，建好幸福的"安乐窝"，这是我们的最大愿望。一个家是需要两个人来维护的，尽管矛盾不可避免，只有多想对方，少想自己，多作贡献，多作牺牲，才是最好的办法。即便当时他离你的标准还有些距离，但相信他一定会在你的大加欣赏下，日渐完美。其实婚姻就是这样，只有将欣赏进行到底，才能将幸福坚持到最后。

和和气气，才能和和美美

夫妻间沟通很重要，让对方读懂你的心思，你也要读懂对方的心思。这就是一种夫妻间的默契。不要动不动就发牢骚耍脾气。那样无益于事情的解决，只会使事情越来越糟糕！夫妻之间交流是一门技巧！需要委婉和和气，把一件将要做错的事情补救回来是一门技巧，两人间的和和气气，才能换来全家的和和美美！

一对夫妻，由恋爱而结婚，在恋爱时期，如果恋人双方没有用真诚坦白的态度，专以隐己之恶、扬己之善的技巧来博取对方的欢心，这样的恋爱假使成熟，就要结成不良的后果。往往到了结婚以后，以为双方的名分已经确定了，夫妇的关系已有保障了；于是彼此过去抑制自己，博取对方欢心的观念就改变了。一切行为就处处随便，以为夫妇间不需要尊敬、客气，反以为尊敬、客气是虚伪的假面具。而不知夫妇间最需要的是尊敬、客气。和和气气，家庭才会和和美美，生活才会幸福温馨。

因为结婚以前，你对结婚只是一种理想的状态，你对对方的了解都是非常有限的，等到你真正的结婚以后，一起生活的时候，你会面临很多的问题。也就是说，在结婚以前，恋爱的时候可能非常的浪漫，非常的理想化，你把对方想象的非常好，你看到的都是对方的优点，但是在结婚之前，我们很难了解对方的全部，比如对方生活习性的问题、生活习惯的问题，我们是无法全部了解到的，在结婚之后，两个人走在一起的时候，必然会发生一种碰撞，这种碰撞可能会让一方或双方很失望。

家庭的幸福在于夫妻间和和气气地相处，而相处同样需要夫妻双方有退一步海阔天空的气量，夫妻的和睦是双方不断妥协的产物，只有夫妻间不太计较，把握夫妻相处的合理尺度，给对方留下足够的空间，让对方既可以感受到家庭的责任义务，又可以有不受压制的合理的活动空间；同时，还要时刻铭记对方的好，把对方视作自己前世修来的福分，凡事多为对方着想，多看对方优点，忽略对方缺点，宽容对待对方的一切，让对方的生活和心理都感到舒适，生活才会有滋有味。

要想让婚姻美满、家庭幸福，夫妻在生活中还要学会见机行事和见风使舵，学会在生气时多想到对方的优点，多想着忍让化解矛盾，毕竟恋爱时可以不食人间烟火，而组成家庭的婚姻则是凡人柴米油盐的生活。恋爱时看到的都是对方的优点，而结婚后必须每天面对对方的缺点。为了家庭的幸福和睦，双方要时刻记得对方的好，尤其当自己火冒三丈但还没有失去理智的时候，应该先想想对方的好。

请看下面一则故事：

一对恩爱的夫妻结婚60年，老先生90岁，晚辈们从来没见过他们夫妻吵架，所以非常钦佩他们。在他们结婚60周年纪念日的时候，这些晚辈就请教这位老先生，您是如何经营夫妻关系？怎么没有红过脸？这位老先生就告诉他们："我们夫妻结婚的时候，共同约定好，只要有一个人情绪起来了，讲话很冲，另外一个人就赶快先出去走一走。"一个巴掌拍不响，一个生气，另外一个赶快出去，这就吵不起来了。这个约定是珍惜彼此夫妻的缘分，也给下一代一个好的榜样。说到这里，这个老先生笑得很开心，然后对着晚辈讲："我告诉你，这60多年来，都是我先出去的。"我们感受一下，当他太太发起脾气来，他马上头低下来先出去，当这个太太一冷静下来什么感受？这么多年了，十几年、二十几年、四十几年、六十几年，每次都是我自己先生气的，然后先生马上都是想到当时的承诺，想到我们家庭的幸福和欢乐，就努力让自己静下心来出去走走，所以太太很佩服先生的修养，夫妻恩爱几十年感觉生活非常幸福。

这个故事为我们树立了一个夫妻和睦相处的典范，它告诉我们，夫妻相处要方圆相间，和和气气。婚姻中，耐性是要培养的，当对方火气很旺的时候，自己纵有充分的理由，也应该暂时忍让他，不和他争论，不得已时，或出外暂避锋头，等到对方的怒气消解以后，才和颜悦色地告诉他，刚才的退让并不是理屈示弱，实在因为要避免家庭失和。夫妻相处需要坚持"方圆"艺术：既坚持原则，同时又乐于欣赏和赞美对方，对对方的缺点不苛求；善于相互适应，不试图去改变对方，而要改善自己。

夫妻双方的地位是平等的，某一方绝对不是另一方的附属者，也不是任一方的牛马。家庭的组织，是双方分工合作的，各有长处，互敬互补，方能和谐持久。婚姻中的一方如不体谅对方的关心，反认对方为麻烦，不赞美对方的谦逊，反而说他卑下；更不客气的还企图屈抑对方，以迁就自己。逐渐地，彼此把所有的劣点毫无顾忌地暴露出来了，结果日久生厌，只觉得对方的可憎了。彼此厌憎不欢，于是夫妻双方感情转趋破裂，甚至造成不幸的悲剧。那么，怎样才能够保障夫妇终身亲爱的幸福呢？这就需要双方从细节做起，做到夫妻相处和和气气。

言色相和是夫妇间精神生活的要素。双方的言语能够和软，面色常带笑容，那感情还会违戾么？相互体谅在夫妇间是很重要的。如果夫妻间不肯体谅，互相指责，那言色就不能够相和了。指责是破裂感情的礁石，指责会引起对方的恶感，以为你在轻视他、讥笑他。于是来一个反唇相讥，或者恼羞成怒。彼此都发火了，这岂不是自讨苦吃吗？对方如果有错误，要纠正他时，切忌率直；要婉转地用商量的口吻，贡献意见。对方如果有长处，要给予真诚的欣赏和称赞，而且要常常称赞。我们出言吐词，要时时自己省察，不要伤害对方。

夫妇有时因生理或心理的变动，性情就难免产生异状。有时因环境不尽满意，言语举动略改常态，这都是常有的事。设使双方不能遵守容忍的原则，两不相让，而起口舌争强，意气用事，那么感情就要发生裂痕。你使对方气恼，你自己也免不了气恼。这是损人不利己的，又何苦去做这种愚蠢的事呢？

　　居家过日子，不可能不出现勺子碰着碗的情况。出现家庭矛盾后，如果不考虑言行、场合，甚至采取一些简单、粗暴、过激的行为，不但不利于矛盾的化解，反而会伤害夫妻感情、激化矛盾。解决家庭矛盾，不能伤害感情和对方的自尊心，既要避免动拳脚，又要力避使用"离婚"等极易伤害感情的言词，避免挫伤双方的幸福感。

　　当夫妻双方都在气头上的时候，只要有一方急于想解决问题，难免会有一场屋檐下的"战争"，这样对双方都会造成极大伤害。所以，最好的解决方法是先忍一忍、缓一缓，将矛盾或问题暂时放置起来，待心平气和后，再选择适当的方式或机会解决。还可以绕开正题，借助对方那些乐于谈论的话题，适度加以引申、发挥、旁敲侧击，启发诱导，含蓄而委婉地道出自己的观点，表达自己的意图，在和和气气的氛围中化解矛盾。

　　和和气气让人心境舒畅、倍感幸福。如果你是个热爱生活的人，就用风趣、幽默的语言和行为，消除对方的逆反心理和敌对、抵触情绪，让对方破涕为笑，在笑声中融洽气氛，营造宽松的心境，使矛盾自然而然地得到淡化、和解，家庭会更加和睦。生活是门艺术，它也需要大家用幸福的心态去对待。

幸福悟语：

当夫妻感情走到一定阶段的时候，一些平时积累起来的细节会被放大，可能会导致一场婚姻的悲剧！人人都向往甜蜜、幸福的生活，但是即使热恋中再多的甜言蜜语，婚后丰厚的物质与财富，有时候也掩饰不了内心的空旷！这个时候就要修补和反省自己，观察或赞赏爱人积极的一面或优点，和和气气地对待对方，让生活和和美美！

用真心去体会心有灵犀的幸福

也许在恋爱的时候，恋人双方都情有独钟；也许你在追求对方的过程中一波三折；也许，当对方在遇到昔日的旧情人的时候你的内心会十分的不悦。但是不要就此产生猜忌，因为对方已经成为你生命中最重要的一部分了，你们必须相互信任才能走的更加长远。追寻幸福的人，就应该有豁达的胸怀，这一点在对待爱人的时候尤为重要。

幸福专家认为：婚姻幸福的重要基础就是信任与尊重。夫妻之间一旦缺少了基本的信任与尊重，家庭裂痕就最容易出现，两个人的婚姻也就没有幸福可言了。因此，夫妻间缺乏的就是彼此用真心对待对方，营造心有灵犀的幸福。

人们常说，幸福的家庭都是相似的，不幸的婚姻各有不同。信任固然是家庭幸福、夫妻关系融洽的基础，但如果没有爱心和责任心，那么再美满、再幸福的家庭也经不起风吹浪打甚至解体。只有在相互信任的基础上，对爱人倾注爱心和关心，对家庭树立亘古不变的责任心，夫妻双方用真心相待，才是婚姻和家庭幸福的根本所在。

真心相爱的夫妻，一方在心里和情感上有变化，另一方总会或多或少有所察觉，继而过问和关注。智慧且深爱对方的男女，会将夫妻间任何一方细微的情感变化及时发现并消灭在萌芽状态。心有灵犀是一种彼此付出真心的默契，摒弃猜忌，你的生活就会很幸福。

莎士比亚的名剧《奥赛罗》中描写了国王的女儿苔丝德蒙娜冲破家庭和社会的重重阻力，同奥赛罗这样一个出身卑贱、肤色黑黝的将军结婚。婚后的生活十分美满，然而，奥赛罗部下一个军官尼亚古出于卑鄙自私的目的，编造谣言，制造陷阱，挑拨他们的夫妻关系，使奥赛罗对忠诚纯洁的妻子产生了猜疑之心，在一个漆黑的夜晚竟用被子把苔丝德蒙娜活活闷死了。后来，奥赛罗知道了事情的真相，追悔莫及，自刎于妻子身旁。

在事情没有弄清楚之前，就凭着自己的感觉妄下决断，这是作为一个婚姻中的人经常容易犯的一个致命错误。他们对爱人不放心，营造不起心有灵犀的信任感来，没有用真心对待对方。可悲的是，这种低级错误却经常发生在世界上的无数个角落。

不得不承认，我们最受不了的就是别人的背叛，尤其是自己的爱人对自己的背叛，但是我们同样应该意识到，不是每一个人在面对别的异性诱惑的时候都是那么柔弱而多情。当婚姻关系确立以后，我们首先要做的就是相信彼此，试想一下，有一天自己的爱人莫名其妙地质问你对她的忠贞，你会不会同样会对对方的无理取闹心生不满，甚

180

至大发雷霆呢？所以，就算我们对一些事情有了自己的一种敏感的直觉，也不要在没有任何凭据的情况下和爱人发生争执，与其相信对方做了背叛你的事情，不如相信对方是一个始终爱你的人。这就是我们维系爱人和感情的一门学问，要想在这条婚姻道路上走得更长久，更和谐，我们必须学会信任对方，信任让爱人之间心有灵犀，更有默契感。

那么在婚姻生活中，我们应该怎样克服自己的不良心理呢？记住以下几点，相信会对你很有帮助：

如何避免为你的婚姻挖掘坟墓。在爱情中，魔鬼为了破坏爱情而发明的一定会成功而且恶毒的办法中，唠叨是最厉害的。它永远不会失败，就像眼镜蛇咬人一样，总具有破坏性，总是会置人于死地。因此，如果你想要维系爱情以及家庭生活的幸福快乐。规则的第一条是：绝对绝对不可以唠叨。

詹姆斯说："和别人相处要学的第一件事，就是对于他们寻求快乐的特别方式不要加以干涉，如果这些方式并没有强烈地妨碍到我们的话。"

批评是婚姻不幸福的原因之一，权威人士桃乐丝·狄克斯通过研究宣称，50%以上的婚姻是不幸福的，许多烂漫的梦想之所以破灭在雷诺（美国离婚城）的岩石上，原因之一就是生活里充满了太多毫无用处却令人心碎的批评，让人们无所适从、心力交瘁。

想法不要太主观。一些男人在婚姻生活中之所以常产生猜疑心，一个重要的原因就是思维方法上主观臆想的色彩太浓，无根据地加强心理上的消极自我暗示。这自然是不好的。解决的方法也简单：那就是多和对方交流思想，交心才能知心。人们常说："长相知，才能不相疑；不相疑，才能长相知。"这话是很有道理的。夫妻间只有做到襟怀坦白，开诚布公，才能相互信任。有了这个牢固的基础，主观色彩很浓的猜疑心自然会烟消云散了。

不要轻信传言，不少猜疑都是由别人的闲话引起的。莎士比亚的名剧《奥赛罗》中的主人公之所以最终会害死自己曾经深爱过的妻子，就因为他的部下向他活灵活现地描绘了与他妻子偷情的经过。其实，这完全是一种陷害。

所以，对于别人的闲话要冷静分析。应该看到，生活中"长舌妇（夫）"确实有，即使有些亲朋好友出于好心，向你通报你爱人的外遇情况，也不能一听就信，因为很难保证这些情况中没有失真的成分。

爱人间遇事我们要冷静分析，切不可意气用事。人们在猜疑的时候，往往容易被封闭性思路所支配，作出错误的判断。此时，自己的冷静克制绝对需要。要多设想几个对立面，只要有一个对立面突破了封闭性思路的循环圈，你的理智就可能及时得到召唤；冷静分析以后，仍然难以解除猜疑，那就应该放下那些不值钱的面子，及时地与对方交换意见，开诚布公地听听对方的解释。有猜疑但长期闷在心里，就会越想越气，爱人却感到莫名其妙，结果既解决不了问题，于人于己都不利，还可能使矛盾进一步扩大甚至恶化。

总而言之，婚姻生活是由信任组建起来的，彼此用真心经营的婚姻才会让婚姻更加幸福。夫妻双方彼此多一些信任，少一些猜忌，对方一定会被你的这一行为感动，更加的严于律己。对你心爱的她多一些体贴，少一些质问，你们的生活会更加和谐温馨。好好地珍惜现在吧，如果你爱你的爱人，就一定要信任对方。

幸福悟语：

　　两个人走到婚姻这条交叉线上真的很不容易，用彼此的真心才会体会心有灵犀的幸福。大家都是大人了，教育人的话也不必说太多。但有一点必须要强调，爱是需要真诚和信任的。当你用一颗简单而真诚的心去面对对方的时候，相信对方的心里也不会再容纳其他的人。不管什么时候，都要提醒自己，你们是夫妻，你们之间没有猜忌，你们将会是执子之手，与子偕老的天造地设。

懂生活，恩爱夫妻情意融融

　　家庭的幸福决定于夫妻之间的和谐，夫妻双方真诚地交换意见是幸福婚姻的重要条件，更是消除误会最简单、最直接的方式。当一方心里有了不信任爱人的想法以后，应该立刻积极主动地与爱人交换意见。恩爱夫妻情意融融，双方通过多种"懂生活"的方式更容易获得婚姻的幸福。

　　家，是人生的安乐窝；家，是人生的避风港。在一般情况下，家是讲情的地方，不是讲理的地方。夫妻之间，不要分辨谁是谁非，不要弄清谁对谁错。为了一点鸡毛蒜皮的事，常常争论不休，热战、冷战轮番上演，值得吗？其实，是与非、对与错，弄清了能怎么着，不弄清了又能怎么着。因此，夫妻之间还是糊涂点好。学会糊涂，遗忘伤痕，豁达、宽容，夫妻的恩爱才能天长地久，白头偕老。

在我们的现实生活中，许多夫妻普遍存在一个误区：心里明明希望爱人好，但总不往好处想对方，偏往坏处想，跟实际想法不一样，最后结果是好的有可能就变坏了，假的也成真了。无形中自己给自己挖了一个痛苦的陷阱。因此，我们要多往好处想对方，越往好处想，你就感到美好的东西越多，幸福感就越强，夫妻之间吸引力就越大，婚姻生活就越甜蜜。

俗话说，两口子过日子"勺子哪有不碰锅沿的"，婚姻中人少有未经历过吵架的，但能把"架"吵得"峰回路转"，则不是人人所能做到的。

懂生活的夫妻吵架也很有艺术，有一位高学历的女同事，找了一个比她低两个学历等级的先生。为此先生总有些自卑，便用扭曲的方式来维护自尊，所以两人常开吵。有次吵得实在不像话了，女同事不想吵了，也吵不过，心里甚至有了分手之意，她收拾了大包的衣物准备住到单位的宿舍去。可包实在太沉了，出门前她却说了这样一句话："我让你清静了，你不送一送我吗？"接下来她自然走不成了。另一女子更绝，吵得天昏地暗正欲离家出走，不料在她拉开门的一刹那对丈夫回眸一笑："你不挽留一下吗？"而第三位女同事出门后又返回，她一本正经地对丈夫说："这房子又不是你的，我走太吃亏了，要走，还是你走吧。"

最有意思的一对夫妻，两地分居了近10年，好不容易才调到一起，先是甜蜜得不得了，可没多久，矛盾来了，为经济、为房子、为孩子等，真可谓大吵三六九，小吵天天有。终于在一次大吵后，妻子离家出走了。丈夫满头大汗，打电话四处找妻子。终于妻子自己回来了，丈夫紧紧抱住妻子，喃喃道："你可回来了，真把我急死了。下次还是我出走吧，省得在家提心吊胆。"妻子被逗乐了，与他重归于好。

夫妻间了解一些吵架的艺术对于融洽生活来说不失为一种灵药，用懂生活的话语调和矛盾，就会在最关键时突现峰回路转，吵架吵出了幽默与真情。他们懂得及时修复吵架所致的婚姻伤口，犹如珠贝懂得将伤口变成美丽的珍珠一般。珠贝因疗伤而酿出美丽的珠子，而这些夫妻因吵架而酿出了婚姻的"珍珠"。那种不计前嫌，彼此牵挂，懂得谅解与妥协的夫妻才会产生情意融融的夫妻真情。

轻松的爱和愉快的爱在夫妻间必不可少。婚姻中的双方都要给对方留一个私人的空间，充分的自由。那些追问去哪里了？谁来的电话？钱干什么花了？等等，只能让你们的隔阂越来越深。对爱人不必管得严严的，绑得死死的，比如妻子不可把丈夫当儿子来管教，这是很不可取的。抓得越紧，失去的越多。

当家庭之间遇到事情时要学会冷处理，尽量控制情绪，要学会冷静处理发生的问题，要学会谦让和包容，忍耐和宽容现有的矛盾，尽量消除与对方的情绪冲突，等待情绪冷静之后，再协商解决问题的方法。妻子能包容丈夫的缺点，丈夫能原谅妻子的问题，这就是一种爱。

朋友们，无论我们的精力多么有限，生活和工作多么繁忙，都不要忘记对你亲爱的人关心和关注，问一声好道一句安，询问一下爱人的想法，与爱人交流思想，用懂生活的方式去经营你的爱情与婚姻，你的爱才会走得远，幸福的婚姻才会情意融融！

幸福悟语：

夫妻生活在一起，就得懂得生活懂得对方。只有双方恩爱互敬、和谐相处才能让家庭幸福美满。夫妻之间的信任必须是 100% 的，尊重是无条件的，不能有一点点的怀疑，任何一方都不能无事生非。如果你的左口袋里装的是包容，右口袋里装的是原谅，那么今天会在你的左口袋里收获幸福，明天会在你的右口袋里收获快乐，时间久了，身边就会充满着幸福与快乐！

7.丈量幸福的尺寸
——别让名利拨乱幸福的琴弦

　　人们不停地追逐着名誉，追逐着财富，追逐着更大的利益……其实，也正是这种无休止的欲望吞噬着我们的幸福。很多人认为，人奋斗的目的就是为了名利，从而赚到更多的钱，过更好的生活。诚然，名利带给人的实惠是显见的，但却换不回我们流逝的岁月，换不回我们丢失的健康，甚至是我们急需的幸福它都无能为力。真正懂得生活、会享受生活的人，会正确丈量幸福的尺寸，从容地看待名利，才能在人生的交响乐中，奏出幸福而优美的篇章。

富贵如浮云，莫让财富主宰心灵

用世俗的眼光看，富贵即幸福。但，富贵的人不都这样认为。作为普通人，我们要用一颗平常心去看待富贵与贫贱。如果在闹市，富贵人人向往。如果把一个人放在与世隔绝的深山老林里，那么又有什么富贵，什么贫贱。幸福，是自我体验的过程。并不是做给别人看的。那样的所谓幸福，是自欺欺人，这就如同穿鞋一样，舒不舒服，自己脚趾头清楚。

贫富并不能影响我们每个人的幸福感，穷人和富人的区别本质并不是你有多少钱，而是面对人生的态度不一样，有人生下来一无所有，但是他们能用自己的双手创造出财富体现了自己的价值，金子到哪里都会发光。而有些人则不思进取就认命了，一生过的毫无意义，直到终老。

拥有大量财富者也大有人在，因为家里什么都不缺，就整日的不务正业，无所事事，后来坐吃山空，总有一天会成为人们所说的"败家子"。还有一些所谓的"有钱人"却不这样做，他们所想的是，我怎样创造出更多的财富，怎样能为社会和人类服务，充分展现自己人生的价值，为子孙后代留下一个良好的生存环境。凡此种种，富贵对每个人的幸福感影响是不同的。

如果一个人脑子里想的是钱，就永远不会成功。只有当一个人想着去帮助别人，去为社会创造财富的时候，才能真正成功。

从古代开始先贤就认为，富贵不是君子的唯一追求。孟子曾说，"富贵不能淫，贫贱不能移，威武不能屈"，此坚定意志给后代追求理想的人们以巨大的鼓舞。"富贵于我如浮云"也成为后世知识分子追求理想境界而蔑视荣华富贵的一种宣言。他们蔑视荣华富贵，不是因为他们本能地厌恶舒适生活，而是不肯用理想和人格的代价去换取某种舒适的生活。他们宁要平淡，才感觉幸福。

我们不是说看淡财富，而是说要正确地看待金钱。圣人孔子也从未排斥过财富，他肯定追求财富是人的天性："富与贵，人之所欲也。"但他同时强调获取财富的正义性："不义而富且贵，于我如浮云。"

香港首富李嘉诚有两个事业，一个是拼命赚钱的事业，名下企业业务遍布全球50多个国家和地区，雇员人数约22万名；另一个是不断花钱的事业，他的捐赠也足以让他成为亚洲有史以来最伟大的公益慈善家。这两种与财富打交道的方式和态度就这样奇妙地统一在了李嘉诚的身上。

他认为，财富不能简单地用金钱来衡量。内心富有，才能真正拥有财富。一个人有了衣食住行这个条件之后，应该对社会多一点关怀，或者说义务，或者说责任。能够对需要帮助的人贡献你的所能，你的财富才有价值，你自己才会感觉比拥有财富本身更幸福。

这个故事又告诉我们，"富贵"要回报于民，拥有富贵者才会真正感到内心幸福。不择手段地追求富贵，只能让自己走向灭亡。好比一些追求权势富贵的贪官，他们在私欲的驱使下，置党纪国法于不顾，损公肥私，收受贿赂，使国家和人民财产蒙受重大损失，本人也落得个身败名裂，其教训是惨痛的。

在我们的生活中，有不少人属于"富"而不"贵"的类型。真正的"富贵"，是作为社会的一分子，能用你的金钱，让这个社会更美好、更进步、更多的人受到关怀。你的贵是从你的行为而来。因此古人常说，"贵为天子，未必是贵"，"贱如匹夫，不为贱也"。

唐朝诗人杜甫在诗中写过："丹青不知老将至，富贵于我如浮云。"确实，人生在世，最重要的是要有崇高的理想与高尚的情操，它比钱财官位重要得多。在有些人看来，富贵似乎是最令人羡慕的，拥有花不完的钞票，拥有显赫的地位与名声，那是多么的神气啊！但在一些幸福者的眼里，那些金钱和利禄，都会变成过眼烟云。崇高的理想，做人的操守，快乐的生活，比什么都重要。

富贵不是幸福的全部，幸福就是和相爱的人相携到老，相知相爱，就是最大的幸福。但是人生存于社会之中，还必须有 应当担当起来的责任，身为子女的责任，身为人父母的责任，社会责任等，只要这些做好了，人的幸福指数自然也就高了，身上的压力就小了，快乐也随之增加。

贫穷并不可怕，可怕的是和你相濡以沫的人不是一个有责任心、上进的人；富贵可以增强人的幸福感，会衣食无忧，可以减轻生活的压力和负担，可以尽孝道，可以承担社会责任，可以和所爱的人浪漫生活，不会因为缺钱产生的烦恼缠身；但是富贵了，谨防坠入堕落的边缘，俗话说，人在社会上混，总是要还的。

富贵本来就是一种过眼烟云。你把它看作烟云，它就是烟云；你把它看得很重，它还是烟云。如实地把富贵看作烟云，不倦地追求修养的提升、事业的发展，我们的幸福才会长久。

幸福悟语：

人总有一天要离开这个世界，当你离开这个世界前，能够快快乐乐地回想起，这一生虽然人家为我服务了很多，但我也为人家服务了不少，那么，也就拥有了真真正正的幸福。贫贱也好，富贵也罢，各有各的幸福。只要你有心挖掘并呵护这一份幸福，就没有做不到的事情。生活，是要讲究艺术的，哪怕你我都是贫贱之人。

欲望有毒，给钱一点"赢"的思路

欲望是永无止尽的，基于害怕失去工作或者变穷的这种恐惧，还有想买车买房之类的这种欲望，人的钱一多，他的欲望也就越大，恐惧心理也就越强。有的人赚了非常非常多的钱，但他还是一直努力地赚下去，或许他有想成为首富的欲望或者怕比别人穷，或者怕破产的恐惧感，所以这些恐惧感和欲望导致他不得不成为金钱的奴隶，幸福感对于他来说也无从谈起。

在一项幸福调查结果显示，多达 7 成的人毫不犹豫地把"更多的钱"作为他们心目中最大的幸福欲望。不过中国人大都对自己的收入保持着神秘和低调的作风。家庭的收入和女人的年龄一样，永远是秘密。男人希望钱赚得更多，女人则希望更年轻漂亮。

很多人相信多数时候真理只承认钞票，没有钱你就没有一切，即使侥幸拥有了也会很快地失去，钱不是万能的，但是没钱就是万万不能的。有钱，才能吃饭及用来消费，满足自己的生活所需，给我们的亲人物质上的享受，所以很多人对金钱有很大的欲望。但对钱的欲望达到极致，你的幸福感还会持久吗？

对金钱欲望的过度推崇，这是缺乏安全感的表现，你认为金钱可以满足你的欲望，只有金钱能保障你，物质社会最终也都是用金钱来衡量的，但不妨放开想一下：没有了金钱，又会怎样？不能享受好的生活，不能得到别人艳羡的目光，不能拥有呼风唤雨的权利……没有了这一切又怎样？这些东西真的是对你最重要的吗？人生几十年，一碗饭一张床足以存活，孜孜不倦追求的东西到底是不是最想要的，得到后又能不能真正幸福，感到满足呢。

请看下面一则故事：

曼谷的西郊有一座寺院，因为地处偏远，香火一直非常冷清。

原来的住持圆寂后，索提那克法师来到寺院做新住持。初来乍到，他绕着寺院四周巡视，发现寺院周围的山坡上到处长着灌木。那些灌木呈原生态生长，树形恣肆而张扬，看上去随心所欲，杂乱无章。索提那克找来一把园林修剪用的剪子，不时去修剪一株灌木。半年过去了，那株灌木被修剪成一个半球形状。

僧侣们不知住持意欲何为。问索提那克，法师却笑而不答。

这天，寺院来了一个不速之客。来人衣衫光鲜，器宇不凡。法师接待了他。寒暄，让座，奉茶。对方说自己路过此地，汽车抛锚了，司机正在修车，他进寺院来看看。

法师陪来客四处转悠。行走间，客人向法师请教了一个问题："人怎样才能清除掉自己的欲望？"

提那克法师微微一笑，折身进内室拿来那把剪子，对客人说："施主，请随我来！"

他把来客带到寺院外的山坡。客人看到了满山的灌木，也看到了法师修剪成型的那株。

法师把剪子交给客人，说道："您只要能经常像我这样反复修剪一棵树，您的欲望就会消除。"

客人疑惑地接过剪子，走向一丛灌木，咔嚓咔嚓地剪了起来。

一壶茶的工夫过去了，法师问他感觉如何。客人笑笑："感觉身体倒是舒展轻松了许多，可是日常堵塞心头的那些欲望好像并没有放下。"

法师颔首说道："刚开始是这样的。经常修剪，就好了。"

来客临走的时候，跟法师约定他10天后再来。

法师不知道，来客是曼谷最享有盛名的娱乐大亨，近来他遇到了以前从未经历过的生意上的难题。

10天后，大亨来了；16天后，大亨又来了……三个月过去了，大亨已经将那株灌木修剪成了一只初具规模的鸟。法师问他，现在是否懂得如何消除欲望。大亨面带愧色地回答说，可能是我太愚钝，眼下每次修剪的时候，能够气定神闲，心无挂碍。可是，从您这里离开，回到我的生活圈子之后，我的所有欲望依然像往常那样冒出来。

法师笑而不言。当大亨的鸟完全成型之后，索提那克法师又向他问了同样的问题，他的回答依旧。

这次，法师对大亨说："施主，你知道为什么当初我建议你来修剪树木吗？我只是希望你每次修剪前，都能发现，原来剪去的部分，又会重新长出来。这就像我们的欲望，你别指望完全消除。我们能做的，就是尽力把它修剪得更美观。放任欲望，它就会像这满坡疯长的灌木,丑恶不堪。但是,经常修剪,就能成为一道悦目的风景。对于名利,只要取之有道,用之有道,利己惠人,它就不应该被看作是心灵的枷锁。"

大亨恍然。

此后,随着越来越多香客的到来,寺院周围的灌木也一棵棵被修剪成各种形状。这里香火渐盛,日益闻名。

这个故事告诉我们,我们既要坚定自己的目标,勇敢地创造人生的奇迹,但也要时常提醒自己,要克制一些过分的欲望,因为欲望会让自己铤而走险,欲望会剥夺我们已有的幸福,代价是相当昂贵的。与其失去幸福,不如好好地享受现有的幸福。

我们不必抑制对金钱的欲望,而是希望更诚实地面对自己,人始终离不开感情,最可贵最让人满足的莫过于此,而值得为之奋斗的是最终能让自己幸福,生命终结时也不会留有遗憾的事物,需要我们认真考虑,给钱一个"赢"的思路。

 幸福悟语:

要使欲望朝着有利于自我发展的轨迹运行,就必须每时每刻以更加幸福的标准要求自己,以健康的生活方式规范自己。在我们这个世界上,别人就是有飞机我们也不必羡慕,只要自己感觉生活在一点一点地变好就是快乐的,因为现代社会的物质和金钱是无止境的,欲望越多自己的幸福就越少。

宽容是一种姿态，越是放下越能幸福

宽容是人和人之间必不可少的润滑剂。它和诚实、勤奋、乐观等价值指标一样，是衡量一个人气质涵养、道德水准的尺度。宽容别人是对对方的一种尊重、一种接受、一种爱心，有时候宽容更是一种力量。当我们的心灵为自己选择了宽容的时候，我们便获得了应有的自由和幸福！

"大肚能容，容天下难容之事；开口便笑，笑世间可笑之人。"在大肚弥勒佛殿门前这一副脍炙人口的对联，给世人留下深刻印象，提起这副对联，让我们联想到我们的生活中，与爱人、上司，与周围的同事，与所有打交道的人，恰恰需要这种宽容与乐观。你一旦放下，境况就会转好。

人们常用"宽容"这个词语来形容一个好上司、好同事心胸坦荡，虽然许多人都认识到这一点，但做起来却很难。往往为了一些小事儿争论不休；为了小小恩怨耿耿于怀，相互拆台，寻机报复，最终结果或是两败俱伤或是身败名裂。因为缺乏宽容而受损失的事例在我们身边比比皆是。

从前有一个富翁，他有三个儿子，在他年事已高的时候，决定把自己的财产全部分给三个儿子，但店铺只能留给其中的一个。富翁于是想出了一个办法：他要三个儿子各用一年的时间去游历世界，回来之后看谁做的事情最高尚，谁就是这家店铺的继承者。

一年时间很快就过去了，三个儿子回到家中，富翁要三个人都讲一讲自己的经历。

大儿子得意地说："我在游历世界的时候，遇到了一个受伤的年轻人。他十分信任我，把一袋金币交给我保管，我就把那袋金币原封不动地按地址交还给了他的妻子。"

二儿子自信地说："当我游历世界的时候，来到了一个贫穷落后的村落，看到一个可怜的小孩子不幸掉到河里，就立即跳下去，从河里把他救了起来，并把他送回了家，还留给他们一笔钱，让他们做生意。"

三儿子犹豫地说："我倒没有遇到大哥、二哥碰到的那种事，可我遇到了一个坏人，他盯上了我的钱袋，一路上总想害我，有一次差点死在他的手上。可是有一天我经过悬崖边，看到那个想害我的人正在悬崖边的一棵树下睡觉，当时我只要抬一抬脚就可以把他踢到悬崖下，但我想了想，觉得不能这么做，正打算离开时，又担心他一翻身掉下悬崖，于是叫醒了他，然后继续赶路了。这实在算不了什么有意义的经历。"

富翁听完三个儿子的话，满意地点了点头说道："诚实、见义勇为都是一个人应有的品质。有机会报仇却放弃，并帮助仇人脱离险境的宽容之心才是最难能可贵的，我的店铺就是老三的了。"

包容的是别人，受益的却是自己。这个故事所告诉我们的也许并不仅仅是这一点。但富翁把宽容之心列为最高尚的品质，却也不无道理。是的，在学习和生活中，如果你能长存包容、仁爱的心态，那么，你将因此受用一生。

有一位部门主管，在一次外出时，手提包意外被盗，里面除了常用的钱物外，还有公司的公章。当她既内疚又担心地站在老板面前讲完事情发生的整个经过以后，老板却意外地笑着对她说："我再送你一只手袋好不好？你前段时间的工作一直非常出色，公司早就想对你有所表示，但一直没有机会，现在机会终于来了。"

这位没有暴跳如雷的老板，用宽容的态度处理了这件事，使这位部门主管心怀感激，后来任凭其他公司用多么优厚的待遇聘请她，她都不为之所动。

一个小小的举动，却赢得了部门主管的一片赤胆忠心。这也许连那位老板都没有想到。有的时候包容的力量就是那么神奇，它总是能给对方一种感情上的支持，让其内心大受鼓舞和感动。其实，生活中的包容，往往多具有挑战力，具有相当大的难度的。当一个人犯了错误，低着头等待惩罚的时候，很多人都会板起自己的面孔，也许这样做可以让你显得很有威严，但同时你丢失的很可能是对方对你的忠诚。所以，有的时候不妨拿出自己的包容之心，谅解对方的过失，原谅他的错误，尽管自己也许会受到一些小小的损失，但是未来的收益一定是巨大的。

宽容是生活的润滑剂。人心不是靠金钱和权力征服，而是靠宽容和大度征服的。对他人多一些理解，多一些尊重，多一些关爱，就是为自己拓宽一条路，为他人疏通一条河，为人际和谐注入了凝聚剂。大肚能容天下难容之事，你会处处路顺，事事舒心。

宽容别人带给自己幸福。常言道：忍一时风平浪静，退一步海阔天空；处世让一步为高，待人宽一分是福。宽容就是不计较别人的过失，不计较别人的错事，对伤害过自己的人要客观正确对待，原谅别人的过错。为什么要一门心思只想证明人家的错误，而不去想一想人家是否有合理之处？在我们的人际交往中，总难免有所过失和私心，有的过失也许会有意无意地对你造成极大的伤害或者利益的重大损失。当遇到这种情况时，如果你能以海一样的胸怀宽容对方，毫无保留地放下不属于你的那些东西，用智慧和善心化解矛盾，你将成为真正的人中豪杰。

放下是一种从容的姿态，更是一束灿烂的阳光，如果你愿意用这种温暖普照别人，那么你的世界一定会变得更加灿烂夺目。对家人宽容一点，你们的关系将会变得更加和谐，对同事宽容一点，你将会得到更多的帮助和信任，对朋友宽容一点，你将得到真诚的友谊和关注。所以，放下自己的愤怒和偏见吧，用大海一样的胸怀去包容一切，你的生活将是一片幸福而明媚的阳光。

 幸福悟语：

大海，正因为它极谦逊地接纳了所有的江河，才有了天下最壮观的辽阔与豪迈。让我们像海一样宽容吧！那不是无奈逃避，不是无力退缩，不是无原则忍让，那是力量和智慧的和谐统一。宽容是一种胸怀、一种素养、一种气魄、一种境界、一种风度、一种财富。

走一走停一停，幸福在于点滴

现代的人们为生活为财富而一直奔忙着，很少顾及点点滴滴的幸福。其实幸福并不在于你拥有多么优越的物质条件，或是多么傲人的社会地位，幸福需要的是一双会发现的眼睛，能在普通的生活中发现隐藏在你身边的幸福点滴，只需以一种简单的心态去感受，走一走停一停，就能享受到这点滴的幸福。

幸福存在于我们生活的一个个场景里，我们多久没有因为想起好笑的事，在人群里突然自顾自地笑起，却不管路人的眼光；多久没有因为一个故事、一个画面，突然触动心底最柔软的地方，静静流泪，却不需解释什么；多久没有翻看自己曾经写过的幼稚的文字，却留一个微笑给过去了……

努力为自己赚取更多的财富，这原本无可厚非，因为我们的天赋、能力，需要开发和应用，并需要发挥的淋漓尽致。但我们需要长存感恩的心，珍惜我们的父母，珍惜自己的生命。拥有更多，也要付出更多，这样生活才会更加美好。

34岁那年，沃尔森双喜临门，在他的金融投资公司正式挂牌营业的同时，还举行了盛大而隆重的订婚仪式。仪式上，有朋友问他："沃尔森先生，今天是你有生以来最幸福的日子吧？"沃尔森听后微笑着摇头说："不，我最幸福的日子是26年前的那个圣诞之夜！"

原来，出生于美国密西西比州黑人区的沃尔森，是一名地道的穷小子。小时候，他的最大的梦想就是能喝上一瓶神奇的汽水。那些有钱的小朋友们买了汽水，都会兴高采烈地站在大街上，美滋滋地喝上一口，然后长长地喷出一个响亮的"咯"……为此，小沃尔森羡慕得要死，他拼命地帮妈妈干家务，希望有一天妈妈能奖励他一瓶这样的汽水。

　　就在小沃尔森8岁那年的圣诞之夜，当钟声敲响的时候，妈妈变魔术般地把一瓶汽水递到了小沃尔森面前。小沃尔森一下子惊呆了！随即，他兴奋地接过汽水瓶，转身跑出了屋外。在街上，小沃尔森像刚刚攻下一座城池的勇士，在众多小朋友的欢呼声中，高傲地举起那瓶汽水，然后慢慢地放到唇边，美美地喝了一口。随着一股酸酸甜甜的液体涌入喉中，小沃尔森微闭上眼睛，张开嘴，等待着那个响"咯"从嗓子里喷出……可是等了好半天，他的嗓子里一点响动都没有。他疑惑不解，又喝了两口，还是没有任何反应。

　　"假的，是假的啊！""找讨厌的老皮特退货去！"

　　在小朋友的怂恿下，小沃尔森气鼓鼓地找到卖汽水的老皮特。老皮特接过汽水瓶看了看，对小沃尔森说："孩子，这个汽水瓶的确是我的，但它只是个空瓶儿。两天前，你的妈妈来向我询问汽水的味道时，顺便要走了这只空瓶儿。"

　　听了老皮特的话，小沃尔森全明白了，这瓶"汽水"原来是妈妈自己制作的啊！

　　当小沃尔森手里拿着喝剩下的半瓶"汽水"回到家时，妈妈正坐在油灯下替人做着手工活儿。见小沃尔森进来，她忙问："儿子，汽水的味道好喝不？"小沃尔森立刻装出一副非常惬意的样子，说："当然，味道好极了，'咯'喷得可响呢！""真的吗？"妈妈笑了，笑得是那样地甜美！于是，他当着妈妈的面，足足地喝了一口"汽水"，然后拉着长声儿，响响亮亮地喷出一个"咯"，此时的小沃尔森被一种巨大的幸福感所笼罩。

对于成功的沃尔森来说，事业的成功与拥有，只不过是不断升华的荣誉和满足。而8岁那年的圣诞之夜，却令他幸福终生。因为家境的贫寒，他们家买不起汽水，善良的妈妈虽然只是用廉价的白醋和糖精配搭制作了那瓶"汽水"，但却是人世间最真实的味道，最幸福的亲情。

我们的工作忙碌而充满压力，但让我们感到幸福的事情也会有很多，比如回家可以见到亲人，周末有朋友等着你去聚会。一天忙碌工作后回到家，喝着妈妈亲手炖的热汤，那是一种旁人体会不到的幸福。得到财富会狂喜，但生活的点滴幸福也会让你温暖，相信你不会忘了那种温暖而幸福的感觉。

生活中，有人会感叹生活无趣，而有人却感觉幸福无比，其实幸福无处不在。幸福感完全取决于我们的生活态度。无论是通过努力而完成了某项艰难的工作，还是享用母亲做的那一桌简单而有营养的晚餐，只要我们带着一种温暖、向上的心态去面对生活，你的心境就会感到挺充实、挺幸福的。

 幸福悟语：

幸福存在于点滴之中，莫让财富的浮云遮住了你的眼睛。幸福就是一种感受，不要只把眼睛盯着别人，不要只看到别人拥有多大权力、多少物质财富，多少精神享受。不要让忙碌偷走了我们的幸福，多关注你身边的人和事，多为他们做一些好事，我们要常常对自己说：我很幸福！

斩断贪欲这条毒蛇，为幸福护航

这个世界到处都是诱惑，因为贪婪的欲望把自己送进死胡同里的人不在少数。金钱、地位、美色，等等，这一切的一切无时无刻不在考验着我们的做人原则。作为凡人，多多少少会面对这样的困惑，究竟是向左还是向右，究竟是前进还是后退，自己一定要给自己规定一个范围，否则当你卷进这场潜在的危险时，想回头就已经很不容易了。

每个人都希望自己拥有幸福，能过得更好，比如拥有更多的财富，得到更高的地位，找个美女或帅哥共度人生等。虽然说这些话有些直白，但这的的确确是很多人梦寐以求的生活。为了这样的生活，有人天天早出晚归，有人夜不能寐，还有人为了能够快些达到这个目的动起了歪脑筋。其实，成功没有捷径，寻找捷径的人最终都不会有好的下场，就算他们也许会有一时的风光，但是迟早还是会出事，因为他们早已经把这种寻找捷径的思想变成了一种习惯。人的欲望是没有尽头的，欲望越大，人就越贪婪，而一个人的贪欲最终将给他和家庭带来不幸。因此，你必须学会节制欲望，别让贪欲控制了你。

人不能没有欲望，没有欲望就没有前进的动力，但人却不能有贪欲，因为，贪欲是无底洞，你永远也填不满它，贪欲只会给你带来无穷无尽的烦恼和麻烦。

记得有这样一个神话故事：

有个农夫到山中打柴，他已显得有些衰老，且常常受到妻子的奚落。这天，他幸遇"青春泉"，解了渴。回到家后，妻子大为惊讶，因为他突然变得年轻了许多。经追问，方知是饮用了青春泉水的缘故。于是，妻子迫不及待地也到了那里，狂饮起来，可是，由于她贪得无厌，不知节制，终于从中年蜕化为青年再蜕化为少年，最后竟变成了呱呱坠地的婴儿，当丈夫赶到泉边时，只好叹息着把她抱起来，当作子女抚养了。就因为她"贪婪无度"，以致失却了正常的生命秩序，变成有待于重新进行灵智启蒙的新生儿——生命智慧的赤贫者。

这个世界上美好的事物很多，但也要懂得适可而止。酒虽好不能贪杯，钱虽好用但不要贪婪。什么事情，只要跟贪婪挂上边，那么结果一定不会是好的。就拿老百姓最常见的炒股来说，之所以在股市中赚钱的人总是少数，主要原因就在于过分的贪婪。赚了钱不知道落袋为安，而是希望能够得到更多，就这样一次又一次，结果终于被套牢，再也没有回旋的余地。

其实，人生就是这样，我们可以把我们得到的，当作一种意外的惊喜，但是绝对不要奢望这种惊喜总会来到你身边。我们一定要掌握好自己对物质世界和精神世界的平衡，更要坚定自己做人的原则，出了范围的事情就算再绚烂也不要跟着走，否则走来走去一定会走到陷阱的边缘。

下面再来看看这样一个故事：

话说一座县城里，有一位老和尚，每天天蒙蒙亮的时候，就开始扫地，从寺院扫到寺外，从大街扫到城外，一直扫出离城十几里。天天如此，月月如此，年年如此。小城里的年轻人，从小就看见这个老和尚在扫地。那些做了爷爷的，从小也看见这个老和尚在扫地。老和尚虽然很老很老了，就像一株古老的松树，不见它再抽枝发芽，可也不再见衰老。

有一天老和尚坐在蒲团上，安然圆寂了，可小城里的人谁也不知道他活了多少岁。过了若干年，一位长者走过城外的一座小桥，见桥石上刻着字，字迹大都磨损，长者仔细辨认，才知道石上刻着的正是那位老和尚的传记。根据老和尚遗留的度牒记载推算，他享年137岁。

心地清净谈何容易，更何况是现代物欲横流的社会，我们也许会说这位老和尚除了扫地，扫地，还是扫地，生活太平淡、太清苦、太寂寞、太没情趣。其实这位老和尚就是在这平淡中，给小城扫出了一片净土，为自己扫出了心中的清净，扫出了137岁高寿，就是说平淡是我们人生智慧的精华提炼。这个故事正好说明了求得人心清静首先要心态平淡。

现代人狂热地追求财富，财富增多了，可幸福感却丢失了，不能不说是一种人生的悲剧。比如，事业有成的张先生就感觉自己的财富与幸福不成正比。张先生是一家公司的经理，有房有车，子女在很好的学校读书，成绩优异。在别人看来，他这样的生活应该是幸福的，但张先生却感受不到幸福，他经常和妻子怀念20年前白手起家的日子，那个时候虽然很辛苦，生活条件也没现在好，但日子有奔头，每天都乐滋滋的很幸福。

尽管现代人们的购买力增加了，但敢说自己幸福的人却很少。《福布斯》杂志的一项调查列出了100个富翁的情况，这些权贵人物与普通老百姓相比并不幸福。专家指出，不可否认金钱是实现幸福不可或缺的一项因素，但财富和幸福不成正比，财富也不能决定幸福。

卢梭是法国杰出的启蒙哲学家，他认为人们物欲太盛，活得不幸福。他说："人们在 10 岁时被点心、20 岁被恋人、30 岁被快乐、40 岁被野心、50 岁被贪婪所俘虏。人到什么时候才能只追求睿智呢？"人心为何不能清净，是因为物欲太盛。人生在世，充满了各种各样的欲望。除了生存本能的欲望以外，人还有各种各样的欲望，它可以在一定程度上成为促进社会发展和自我实现的动力。可是，无止境的欲望，尤其是现代社会更具诱惑的物欲，让人们心力交瘁。如果控制不好自己的欲望，任其随心所欲，就必然会给人带来痛苦和不幸，这是与我们追寻幸福感相背离的。

我们都是凡人，不是神仙，凡人就会有七情六欲，就会向往更好的生活。孔子有句话传了几千年，叫作："君子爱财，取之有道。"我们可以把自己的欲望当成是一种目标，并尽可能地用正当手段向着这个目标努力。即便是没有得到，也要学会知足常乐，告诉自己这个世界上总有些事物是自己得不到的。为了自己今后的人生能够走的太平，还是让我们告别贪欲的诱惑吧！真正的生活还是平淡点好，作为一个执着追求幸福人，当你看透了钱与利的纷纷扰扰，一定能够明白贪欲是魔鬼，平安才是真的道理。

幸福悟语：

有人崇尚物质，有人崇尚精神，其实这两者谁也离不开谁。既然追求幸福，你一定要明白，真正的开心的滋味不是用金钱和权势换来的，如果你真的想拥有属于自己的那份释然，就必须节制自己的欲望，放下内心的贪欲。只有这样你的心境才会保持舒畅，你的人生才回归于平静。真正的幸福人生绝不能在物欲横流中度过，当你摆脱了欲望中的纷纷扰扰，也许就会忽然明白，原来简简单单的日子才是最有乐趣的。

缩小欲望，心宽路更宽

俗话说：知足者常乐。现实生活中，许多时候为什么人们感觉不幸福、不快乐？为什么常常对自己的境遇感到不满，总感到自己什么都不如别人，从而产生种种苦恼和压力？其根源就在于我们的欲望太大太多，永远感到不知足。适可而止地满足欲望，将欲望缩小，心路才会更宽，才会常常处于满足的快乐之中。

有这样一道公式：幸福＝效益/期望值。它告诉我们，你的期望值越小，你就越容易得到幸福。但生活中的大多数人不是经济学家，并不奢求能够以最小的代价，去获取最大的幸福。

现代物质文明飞速发展，催生了一批又一批人去追逐欲望的火车，纵然气喘吁吁也不得歇脚。不断膨胀的物欲、工作、责任、人际、金钱几乎占据了现代人全部的空间和时间，许多人每天忙着应付这些事情，几乎连吃饭、喝水、睡觉的时间都没有，更别提体味幸福了。

当很多人追逐到更多的财富和物质享受后，反而会产生一种迷惘的心情：花了半生的力气去追逐这些东西，表面上看来该有的差不多都有了，可是为什么自己却并没有变得更满足、更快乐？

请看下面一则故事：

传说有一位年轻人，自己的房子在一场大水灾里被冲走了，家也毁了。

于是，他孑然一身，流落他乡。有一天，他来到一个村子，终于体力不支，晕过去了，这时，一位好心人把他救醒了。这位好心人收留了他几天，然后把一根鱼竿送给他，说道："我实在不能长久帮助你，这里有一根鱼竿，由这里往前去不远，那里有一片湖还有一间废置的破屋，你到那里去找生活，安居乐业吧。"年轻人连忙向他感谢万分，他觉得自己绝处逢生，心里无限的欣慰。年轻人从此勤奋工作，他靠湖里的鱼还有屋旁的耕作，勉强维持生计，养活自己。

有一天，他在垂钓时，忽然，发现自己的鱼钩好像钩住了什么重物，于是他用尽力气把它拉上来。他差点被惊呆了！原来拉上来的鱼钩竟然钩着一个金光闪闪的金锅子！

他喜出望外，他知道命运要改变了。他变卖了金锅子，换了许多银子，他盖了大房子，又娶了妻子，又买了田产，他又雇了几位勇将保护着他家和那一片湖，不准他人来湖里垂钓。荣华富贵的日子让他乐不可支，靠着田产，他越来越富裕了。

然而，他渐渐发现自己目前的财产、妻子，还有各种享受对他来说越来越乏味了。他觉得还要有更多的田产，还要有更多的妻妾和更多的佣人来侍候他。

有一天，他想道："这湖里肯定还藏着更多的宝物，哪会仅仅只有那么一个金锅子呢？"

于是，他雇佣了很多工人，要他们潜下湖里去寻找，希望打捞出更多的宝物。于是，他们每天不断寻找，有一天，果然有一位工人寻获了一个金铲子。

这时，富人更加雄心万丈，兴致勃勃了。他想："这回我要成为世上最富有的人了！"于是，他雇佣了更多的工人来进行工作。

就在这段日子里，雨季来临了！天一直下着雨，雨势越来越大越绵密，富人还是没有停止他的计划。

渐渐湖水涨起来了，一位位工人都不肯继续工作，离他而去了。

有一天，湖水泛滥了，开始淹进他家里了，妻子劝他快点逃跑，但富人不肯离去，他依然做着黄金梦，他一定要成为世上最富有的那一位。最后，妻子工人都逃离了。水淹到了屋顶，富人这时坐在小小的一方屋顶空间上。

还在喊着："我还会有很多的金铲子、金锅子……天啊！帮帮我啊！"

这时，天边传来声音，他听到有个声音果然回应他了。

那边传来一首歌曲："穷人啊，他要一点点东西，富有人啊，他要多多东西，贪心人啊，他要所有东西。"

这个故事告诉我们，无限地扩大欲望，只能是让自己心力衰竭，应接不暇，不仅不会得到更多的财富和享受，还会失去已得到的幸福，甚至会搭上性命。太多的时候，我们会被世上的名利、金钱、物质所迷惑，心中只想得到，只想将其统统归为己有，而不想舍弃，更舍不得放下。于是心中就充满了矛盾、忧愁、不安，心灵上就会承受很大的压力，以至于活得很累。

在生活里，将自己心中的欲望控制好，不仅关系到我们以后的人生，更关系到我们日常的心情。我们个人掌握自己的生命，每个人有权设计自己的生活和人生道路。每个人所有的心愿，只要是符合法律和道德的要求，都应该受到尊重。但是我们必须明白在生命的过程中，想让自己的人生得以升华，就必须放下一切物质的欲望，我们去追求生活本身的淳朴，你将会活得惬意，活得洒脱。

对付贪欲最有效的方法就是缩小欲望。缩小欲望，使我们从追求无尽欲望的深渊中得到释放与自由，这正是幸福快乐的始发站。与人相处，若好贪便宜必将被人唾弃；经营事业，若见利忘义，贪财成性，事业必难以长久。

你的欲望越多，你的躯体和心灵一定越来越沉重，快乐就真的离你而去了，因此要学会缩小欲望、自我解脱，保持一颗平常心。少一点欲望，就会多一些快乐。仔细想一想，即便你左手财富，右手地位，一面是妻子，一面是情人，可是这些毕竟是身外之物，不会长久属于你，一旦财去人空，那时滑过心头的必将是失落与迷惘。

缩小欲望是一种美丽和心灵的豁达，更是一种智慧。为了达到目标，我们必须学会缩小一些欲望，学会对个人欲望的控制。其实学会缩小欲望并不难，人生的许多东西是多余的，得到你该得的就够了，舍弃多余的欲望，你的幸福才会长久。

 幸福悟语：

正因为你智慧的舍弃，你的眼界豁然开阔，随即发现了人生中更多更美的风景，而且你也就学会了在简单的生活中寻找快乐。生活中有些东西并不容易改变，容易改变的，只有缩小我们的欲望，即使你一生中什么也没有抓住，但只要抓住了快乐，你依旧是天底下最富有的人。

活的真实，不让虚名遮住了美丽的风景

大多数人都想表现出他的荣耀，他们以为荣耀至上的时刻是最幸福的时候。那么这种表现的欲望便成为心中一个美丽的陷阱，人也很容易自己掉到自己设置的陷阱里面去。通常这个陷阱都是由虚荣造成的，人们常常也被外在的虚名所累。一些人总以为幸福就是荣耀的光环，但他们不知道，光环虽美，但它很沉重。

著名的哲学家培根曾说："一切恶行都围绕着虚荣而产生，且都不过是虚荣的一种表达方式。"虚荣就像穿在身上一件华美的外衣，看似光彩耀人，却能让人们的心灵变质。我们每一个人或许都想追求"贵"的气质，那就要远离虚荣，不要让浮华的云朵遮住自己追寻幸福的目光。

人们由于内心虚荣，而产生虚幻荣耀感，会使人脱离现实看世界；再加上别人外加给自己的一种名誉，而形成的虚名，让我们不堪重负。一般来说，名与实是相符的，一个人的名声和他的实际贡献是相等的。但是，有些人获得了名誉之后，就不再继续发展自己的才能，也不再作出自己的贡献，这种名誉就和实际渐渐地不相符合了，也就成了虚名。但大多时候，人们舍不得放下这个不切实际的名誉。

虚名会使人活的不真实，会让人放弃努力，沉醉在他已经取得的名誉上，不思进取，最终将一事无成。还有一些人取得名誉之后，就不顾自己的实际能力，拼死拼活地要维护自己的名誉，结果，早早地就被名誉束缚住了，最终落得得不偿失。

一位文艺界的人士，非常看重自己在公众心目中的形象，得了肝病后也不愿告诉他人，甚至不愿意去诊治，将病情当秘密一样守护，生怕自己给人留下一个弱者的印象，结果到了肝癌晚期，查出来的时候一切都已经晚了，被人送进医院不到两个月便与世长辞，年纪还不到45岁。可以说，他是被自己虚妄的名气害死的。

这个故事告诉我们，活着才是最幸福的，名誉毕竟是人的身外之物，尽管很重要，但是，人的生命更重要。为了追求身外之物的名誉，而影响健康甚至送掉性命，就是舍本逐末。我们的生活中有很多先进人物，他们常常被名誉的光环所笼罩，认不清真实的自我，生活得很苦很累，丧失了常人生活的乐趣，总是想着自己的一言一行、一举一动都要符合自己的身份，这就像给自己戴上了名誉的枷锁，失去了生活的自由，也失去了生活原本的幸福。

请看下面一则故事：

从前，各种鸟在一起生活。鸟儿们都认为自己最美丽，常为此而争吵。因为鸟儿们总是叽喳叽喳吵个不停，上帝受不了了，就把鸟儿们都叫过来说：

"我要从你们当中选出一只最漂亮的鸟作为鸟王。"

鸟儿们都想做最漂亮的鸟王，就到河边干干净净地洗了个澡，然后开始打扮。

"我会成为最漂亮的鸟王。"

"哼！你不行，我将成为鸟王。"

乌鸦羡慕地看着鸟儿们互不相让、忙于化妆的情景，叹了口气。

"我也要成为鸟王。"

乌鸦每天徘徊于河边，或捡别的鸟儿掉下的羽毛，或拿自己的好东西换颜色漂亮的鸟儿的羽毛，然后趁别的鸟儿不注意，偷偷地插到自己的身上。"哎呀，怎么回事呀？乌鸦变成一只漂亮的鸟了。"

乌鸦看到自己水中的影子，也吃了一惊。

"哎呀，真奇妙！这是我吗？啊，真漂亮！"

乌鸦忘了自己的真面目，好像自己真的变成一只漂亮的鸟似的，得意地进入大会场。上帝从没见过这么漂亮的羽毛，就把乌鸦选为鸟王了。

"你到底是什么鸟啊？"

"第一次看到你，你从哪来的？"

"……"

乌鸦周围的鸟中有一只鸟儿发现乌鸦身上有一根羽毛是自己的。

"哎，那是我的羽毛呀？"

"对啊，那根是我的。"

"……"大家议论纷纷。

乌鸦周围的鸟儿一个个都过来拔乌鸦身上属于自己的羽毛。

乌鸦拼命想护住身上的羽毛，但无奈寡不敌众。不一会儿身上美丽的羽毛就被鸟儿拔光了，只剩下自己原来的黑羽毛了。乌鸦羞愧难当，慌忙跑进树丛里去了。

这则童话中的乌鸦爱慕虚荣，追求不切实际的"鸟王"虚名，结果出尽了洋相。乌鸦因自己的形象不够华丽，因此没有自信，于是就捡别的鸟儿的羽毛，或拿自己的好东西换别的鸟儿的羽毛，然后趁别的鸟儿不注意，偷偷地将羽毛插到自己身上。其结果它却露了馅，成为其他鸟儿的笑柄。不顾自己的身份，一味地爱慕虚荣，乌鸦出尽了洋相。生活中人们也一样，背负虚名只会获得一时的满足，但是后果会很危险。

那么，我们该如何去除虚荣心呢？关键就是要保持平常心，以平常心对待生活，就能消除一些不必要的压力，摆脱虚荣心的干扰。遇到某些不尽人意的地方，只要调整好自己的心态，保持平常心，就能克服虚荣心。

我们不为虚名所累，就是一切以人为本，从自己的实际出发，该怎么做就怎么做，该追求自己的人生目标，就不要被眼前的花环、桂冠挡住了前面的道路。应该毫不犹豫地抛开这一切身外之物，走自己的路，做自己的事，不为虚妄的名誉而妨碍自己的大成功。

生活中一些事情本应该是真实的，可总有那么一些人终日为虚荣所累，强装声势，炫耀身价，不惜挖空心思追求脸面上的一时光彩，以致搞得自己身心疲惫，狼狈不堪，活得很不幸福。

所以，拥有幸福，我们要培养实事求是的作风，爱慕虚荣的人大多都缺乏脚踏实地的思想作风和工作作风。他们常常情绪焦躁，虚荣心满足时就表现出很高的热情，一旦虚荣心得不到满足情绪就会一落千丈。因此，我们要克服虚荣心，还要从实际出发，踏实工作，培养锻炼自己的真才实学和良好的心理品质，幸福才会回到我们的身边。

幸福悟语：

虚名是一种虚幻的花环，看似光彩耀人，但它却能让人的心灵变质。它也是我们的一记暗伤。患轻，累及一时；患重，痛苦一生。追求和背负虚名都不是自己为自己增光，而是自己给自己添累。发现你未知的幸福，就要远离虚荣、脚踏实地，不要让浮华的云朵遮住自己追寻幸福的目光。

宁静致远，淡泊才能安乐

淡泊的人生是一种享受，守住一份简朴，不再显山露水。现代社会人们活得很累，我们就是因为把自己看得太重了，所以需求的也太多了，因而也产生了种种的欲望，达不到欲望或者达到欲望后的空虚，都是引发我们心理不平衡的主要原因，那么只要放下自我，懂得淡薄就是幸福！

人生苦短，像流星划过夜空一样，这么短暂的人生，幸福弥足珍贵，又何必为世间物所累呢？拥有一份淡泊的心境，不是做现实社会的逃避者，而是在工作和学习之余，对自己多一份清醒，多一份思考。我们生活在这个世界上，往往不会一帆风顺，有进有退，有荣有辱，有升有降，有高潮，就有低谷。很多人将外物的得失作为衡量我们幸福的尺码，如果你能认识到平淡是真的道理，就会在任何时候都能保持心理平衡，作出明智的选择。

我们的生活不会永远平淡，只要怀有淡泊的心境和一生一世永不放弃的追求，定能获得生活馈赠的那份欢乐和成功给予的那份慰藉，寻得生命中最珍贵的幸福。

做人的崇高境界就是淡泊于名利。淡泊的人没有包容宇宙的胸襟，没有洞穿世俗的眼力，是万难做到的。淡泊，方能成大器，方能攀上高峰。在物欲、名利横流的当今，守住一份淡泊，就如同守住了自己的一份幸福。

请看下面一则故事：

当代大学者钱锺书，终生淡泊名利，甘于寂寞。他谢绝所有新闻媒体的采访，某电视台栏目的记者，曾千方百计想冲破钱锺书的防线，最后还是不无遗憾地对全国观众宣告：钱锺书先生坚决不接受采访，我们只能尊重他的意见。

80 年代，美国著名的普林斯顿大学，特邀钱锺书去讲学，每周只需钱锺书讲 40 分钟课，一共只讲 12 次，酬金 16 万美元。食宿全包，可带夫人同往。待遇如此丰厚，可是钱锺书却拒绝了。

他的著名小说《围城》发表以后，不仅在国内引起轰动，而且在国外反响也很大。新闻界和文学界有很多人想见见他，一睹他的风采，都遭他的婉拒。有一位美国女士打电话，说她读了《围城》深切想见他。钱锺书再三婉拒，她仍然执意要见。

钱锺书幽默地对她说："如果你吃了个鸡蛋觉得不错，何必一定要认识那只下蛋的母鸡呢？"

1991 年 11 月，钱锺书 80 华诞的前夕，家中电话不断，亲朋好友、学者名人、机关团体纷纷要给他祝寿，中国社会科学院要为他开祝寿会、学术讨论会，钱锺书一概坚辞。

上述故事中，钱锺书用自己的淡泊态度抵御住了外界的嘈杂，守住了自己内心的一份幸福和安宁。大师是我们学习的榜样，我们要对掌握在我们手中的东西，如家庭、朋友、亲情、事业等，抱一份淡泊的态度。在做任何事情时，都要在不同方面求取一种平衡，千万别让自己陷入盲目的追逐欲中，以至于迷失了自己，错过人生美好的事物。

请再看下面一则故事：

居里夫妇都是世界上知名的科学家，居里夫人是世界上唯一两次获得诺贝尔奖的女科学家，但他们生活俭朴，不求名利。

各种勋章、奖章是荣誉的象征，更是许多人梦寐以求的宝物，可居里夫妇视之为废物。1902年，居里先生收到了法兰西共和国大学理学院的通知，说是将向部里提出申请，颁发给他荣誉勋章，以表彰他在科学上的贡献。务请他不要拒绝接受。

居里和夫人商量以后，写了一封复信：“请代向部长先生，表示我的谢意。并请转告，我对勋章没有丝毫兴趣，我只亟需一个实验室。”

居里夫人的一位朋友应邀到她家做客，进屋后看见居里夫人的小女儿正在摆弄英国皇家协会刚刚授予居里夫人的一枚金质奖章，惊讶地说：“这枚体现极高荣誉的金质奖章，能得到它是极不容易的，怎么能够让孩子玩呢？”居里夫人却说：“就是要让孩子从小知道荣誉这东西，只是玩具而已，只能玩玩，绝不可以太看重它，如果永远守着它，就不会有出息。”

故事中，居里夫妇重视事业而淡泊名利的精神可见一斑。它告诉我们，淡泊的处世态度才会获得幸福。对于凡人来说，幸福只不过就是心理生理的平衡而已，尤其是拥有健康的思想和身体。很多人也许不解，就这么简单吗？正是因为太简单，所以我们都把它忽视了。就像刚好吃饱饭，肚子才能舒服，身体才健康，同样思想也要健康才能幸福快乐。其实，最伟大的真理就产生在最平常的事情当中。瓦特因为看到蒸汽顶起热水壶盖而发明了蒸汽机；牛顿也因为苹果落地发现了万有引力。如果当时牛顿能把落地的苹果吃下去，再思考一会儿，说不定还能想出很多学问呢。

拥有淡泊心境的人更会找寻到幸福，淡泊让我们宁静、自由，没有了纷繁的羁绊。淡泊让我们不慕名利，远离喧嚣和纠缠，走向心灵的超越。在我们遭受挫折时，淡泊让我们拥有与花相悦的从容；别人都忙于趋名逐利时，淡泊让我们保持恬静。它是一种修养、一种气质、一种境界。幸福，不过如此。

我们要寻得幸福，就必须在生活中放下思想包袱，不必为丢失找不回来的东西徒劳，更不要为它心累。换句话说，千万不要把不愉快的心情堆积在心里，让我们给心灵做个大扫除，把陈积的杂念统统丢掉，轻装上阵，用轻松的心情去迎接新的明天。

这个世界有太多的诱惑和欲望让人们产生痛苦，一个人要以清醒的心智和从容的步履走过岁月，他的精神中必定不能缺少淡泊。否则，他不是活得太忧郁，就是活得太无聊。淡泊，不是不求进取，不是无所作为，不是没有追求，而是以一颗纯美的灵魂对待生活和人生。

"不以物喜，不以己悲。"让我们的心境离尘嚣远一点，离自然近一点，淡泊就在其中。这或许是人生的另一番境界，拥有它你就会离幸福更近。

 幸福悟语：

平淡的日子不会永远平淡，只要怀有淡泊的心境和一生一世永不放弃的追求，定能获得生活馈赠的那份欢乐和成功给予的那份慰藉，谱写出生命中最璀璨辉煌的乐章。学会淡泊，可以使你真正地享用人生的绚丽；学会淡泊，可以使你空灵的心境更加纯美；学会淡泊，可以使你的心绪远离喧嚣闹市的繁扰。

8.规划完美的人生
——谱写日子中的唯美旋津

　　幸福人生不是凭借幸运就能得来，它还需要我们去发现、去规划。一路奔忙之中，我们常常忘了放慢脚步，而你重新打量周遭，审视自己的生活，未尝不是一件好事、一次转机呢。因为有规划，知道自己想要什么样的生活，也就明白了幸福生活所需具备的各种要素，比如心态、健康、希望等，它让我们无论是在身、心、灵上，都能供给我们源源不断的勇气和力量。选择过什么样的人生，仍然是我们能够主动掌握的事。

拥有阳光心态，打开积极上进之门

生活对我们每一个人都是公平的，对每个人都是一样，没有绝对的幸运儿，也没有彻底的倒霉鬼，或许你有这样的不幸，他有那样的烦心事；生活不会时刻垂青同一个人，别人有那样的好机会，你也会有这样的好运气。所以，万万不要把自己想得那么悲惨，更不要把自己缠绕在自己编织的悲观网中，挣扎不出来。你所需要的，就是时刻抱有阳光般的心态。

一些过于敏感者都会感觉生活太累，即使每说一句话都要考虑一下别人将会怎么看待自己，会考虑因为这一句话是否能伤害某人；每做一件事都要瞻前顾后，害怕因为自己的举动给自己带来不好影响。工作中，对领导、同事小心翼翼，生活中对朋友万分小心。久而久之，自己的生活过的一团糟，自己也失去了应有的个性。但是，我们的周围有那么多人，每个人的脾性都不尽一样，我们不可能做到让每个人都满意。即使我们时时事事谨小慎微，还是有人对你有成见。所以只要不违背常情，不丢掉自己的良心，打开积极向上之门，挺起胸膛来做人做事，就会找回我们的幸福。

我们青春的年华，有着太多的憧憬，而这些憧憬不应该成为我们生活的负累。人生并不像我们想象中的那么长远，我们应该抓紧时间享受快乐。路就在脚下，你可以选择继续疲惫，也可以选择轻装上阵。我们都已成熟，也知道自己经营人生的不易。不管怎样，给自己一个阳光的心态吧，你不应该让自己活得太累。

有一个做销售工作的人经常出差，经常买不到对号入座的车票。可是无论长途短途，无论车上多挤，他总能找到座位。他的办法其实很简单，就是耐心地一节车厢一节车厢找过去。这个办法听上去似乎并不高明，但却很管用。每次，他都做好了从第一节车厢走到最后一节车厢的准备，可是每次他都用不着走到最后就会发现空位。他说，这是因为像他这样锲而不舍找座位的乘客实在不多。经常是在他落座的车厢里尚余若干座位，而在其他车厢的过道和车厢接头处，居然人满为患。他说，大多数乘客轻易就被一两节车厢拥挤的表面现象迷惑了，不大细想在数十次停车之中，从火车十几个车门上上下下的流动中蕴藏着不少提供座位的机遇；即使想到了，他们也没有那一份寻找的耐心。眼前一方小小立足之地很容易让大多数人满足，为了一个座位背负着行囊挤来挤去有些人也觉得不值。他们还担心万一找不到座位，回头连个好好站着的地方也没有了。与生活中一些安于现状不思进取害怕失败的人，永远只能滞留在没有成功的起点上一样，这些不愿主动找座位的乘客大多只能在上车时最初的落脚之处一直站到下车。

这个故事告诉我们，一个人只要内心积极上进，再加上富有远见、勤于实践，就会让你握有一张人生之旅永远的坐票。幸福在于争取，当你被满车厢的人的表象所迷惑时，你要积极主动地思考，观察幸福之门在何时在何地才有可能为我们打开？也唯有积极主动，才能让你的人生别样不同。

请看下面另一则故事：

1965 年，一位韩国学生到剑桥大学主修心理学。在喝下午茶的时候，他常到学校的咖啡厅或茶座听一些成功人士聊天。这些成功人士包括诺贝尔奖获得者，某一些领域的学术权威和一些创造了经济神话的人，这些人幽默风趣，举重若轻，把自己的成功都看得非常自然和顺理成章。时间长了，他发现，在国内时，他被一些成功人士欺骗了。那些人普遍把自己的创业艰辛夸大了，事实上，他们用自己的成功经历吓唬了那些还没有取得成功的人。作为心理学系的学生，他认为很有必要对韩国成功人士的心态加以研究。

1970年，他把《成功并不像你想象的那么难》作为毕业论文，提交给现代经济心理学的创始人威尔·布雷登教授。布雷登教授读后，大为惊喜，他认为这是个新发现、这种现象虽然在东方甚至在世界各地普遍存在，但此前还没有一个人大胆地提出来并加以研究。惊喜之余，他写信给他的剑桥校友——当时正坐在韩国政坛第一把交椅上的人——朴正熙。他在信中说，"我不敢说这部著作对你有多大的帮助，但我敢肯定它比你的任何一个政令都能产生震动。"后来这本书果然伴随着韩国的经济起飞了。

这本书鼓舞了许多人，因为它从一个新的角度告诉人们，成功与"劳其筋骨，饿其体肤"、"三更灯火五更鸡"、"头悬梁，锥刺股"没有必然的联系。只要你对某一项事业感兴趣，长久地坚持下去就会成功，因为上帝赋予你的时间和智慧足够你圆满地做完一件事情。后来，这位青年也获得了成功，他成了韩国泛业汽车公司的总裁。

这个故事告诉我们，人世间的许多事，只要想做都能做到，一切的困难也都能克服，关键看你是否有一个积极上进的心态去面对。并非因为事情难我们不敢做，而是因为我们不敢做，事情才变得难的。只要你打开了积极上进那扇门，幸福也会随着你的进取和奋斗而一直陪伴着你。

乐观、豁达的阳光心态可以使人信心百倍，即使是天大的困难，也能够克服。人生要活得不累，就需要学着自己逗自己开心，自己让自己快乐。只有这样才能将生活中的美好继续下去，我们才不会对它感到厌倦。其实生活有着它美丽的色彩，只要你放慢脚步，放松下来，用心去体会，换一种眼光去看待它，就会发现它的另一种美。

人生短暂，我们应该让自己快乐地度过，不管你现在正在经历着什么样的生活，都要相信未来是美好的，而现在，你不应该让自己活的太累，拾起你阳光般的心态，迎接每一天灿烂的生活！

 幸福悟语：

成功并不像你想象的那么难，幸福的来临也不像你想象的遥不可及。人生的成就无不是你主动出击、积极上进而争取得来的，而你只要打开了积极上进的那扇门，就会将幸福迎接进来。如果说幸福是个蕴藏深厚的宝藏，那么积极上进则是发掘它的有力武器，用好这一利器吧，它会让你的幸福数不胜数。

智慧地安排自己的人生

成功的人生在于规划，人生短短几十年，要做的事太多，可以享受的东西也许很多，但时间有限。怎样的人生才算是成功的人生呢？不管过去怎样生活，未来都是美好的！来规划一下未来的生活吧！越是规划的及时和切合实际，你的幸福就离你越近。

生活、工作、学习上，你的目标，最终的人生目标是什么？三十年、二十年、十年、五年、三年之内，你的目标是什么？一年之内呢？

半年之内？有计划的生活让你更有成就，也更容易体味幸福。

　　想清楚这些，你的人生就成功了一半，因为你知道该做什么，不该做什么！理想、梦想、幻想，都会有，实现人生目标就是实现人生理想。当你感到无事可做，或忙得焦头烂额时，都该想想：你的生活目标是什么？工作目标是什么？学习目标是什么？朝着目标去努力。

　　很难想象，一个把自己的人生过得一团糟的人还会找寻到新的幸福。即使找到，那样的概率也是低之又低。安排自己的人生首先要做好职场规划，其最大好处就在于，能帮助我们将个人梦想、价值观、人生目标与行动策略协调一致，去除其他不相关的旁枝末节，整合个人最大的优势与资源，从而向着终极目标快速前进，而这正是我们获取成功与幸福的重要保证。

　　在一次广州举行的营销精英评比会上，某著名房地产集团的营销总监陈晓成为其中的佼佼者。在回顾自己职业发展经历的时候，这位身经百战的销售总监说了这样一段话："我今天之所以能够获奖，除了个人努力、机遇的垂青之外，明确的职业规划对我个人的发展，起了非常大的帮助……"

　　早在八年以前，陈晓只身一人从家乡来到广州，在小企业做过销售，也推销过保险，有一段时间甚至失业，觉得前途一片渺茫。但就在这8年的时间里，这个曾经身无分文的打工仔却一下子跃升成为一个年薪50万的营销总监，更重要的是他还明确地找到了自己的发展道路，沿着自己的梦想之路飞速前进。

　　在广州这样一个充满机遇的大都市，有许许多多像陈晓一样的人才，怀抱着梦想在这里努力打拼，盼望着有朝一日自己能够出人头地，实现更高的自我价值，从而寻得自己想要的幸福。但是，对于一个普通人来说，很多人都找不到开启成功的密码。如果只凭努力就可以成功，那么满大街的人都会成为百万富翁；那难道是机遇吗？社会发展一日千里，每时每刻都有不同的机遇从我们身边擦身而过，但是真正能够抓住它的人却寥若晨星。或许故事中主人公说的是实话，职业规划才是引导个人走向辉煌的重要砝码。我们要找到那把开启幸福与成功的金钥匙，首先需要从成功规划自己的现在和未来做起。

每个人都需要一个自己的职业规划，它是我们个人发展的一盏指路明灯，它让我们看清楚自己未来要走什么样的路，应该向哪个方向走。在这个竞争激烈的现代社会，一个对自身的资源与优势有透彻了解，明白如何根据个人核心优势去制定未来发展道路的人更容易成功，他也必然更容易实现自己的成功梦想。

再来看看下面这个典型的例子：

世界头号投资大师巴菲特，小时候是一个既内向又敏感的孩子，无论是学习成绩还是在生活中的表现，他与其他孩子没有一点区别，甚至在有些方面还不如别的孩子机灵聪明。很多人明里暗里地嘲笑巴菲特，说他行动迟钝，思维缓慢，但巴菲特却默默地将这一弱点转化为自己的一个最大的优点，那就是耐心；同时，他还逐渐发现他对数字有天生的敏感，并对其充满了浓厚的兴趣。

在巴菲特27岁以前，他尝试过各种各样的工作，做过销售、充当过法律顾问、管理一家小厂，但他认为那都不是他真正适合的工作，最终他结合自己的优点——耐心和他对数字的敏感，将自己的职业发展转向成为一名投资家。在这一明确的职业规划引导下，巴菲特拒绝了许多外来的诱惑，也忍受住了许多迎面而来的压力，坚定不移地按着自己的职业发展道路前进，最终成就了一番惊人事业。

规划的力量就在于它能够帮助人们实现自己的梦想，当思路越来越清晰，方向越来越明确，我们的脚步也会变得越来越坚定。一个认准自己未来的人，他的梦想将不仅仅只是一个梦，相反它是几个步骤，这几个步骤已经在他的脑子里演绎了千百回，只要他坚持一步步地按照自己的想法走下去，最终一定会迎来属于自己的成功。

这时候一定有些人要问："我到底应该如何规划自己的职场未来呢？究竟我应该怎样才能拥有属于自己的成功呢？"一般来说，职场中人在给自己定立职业规划时，必须考虑到行业的特性与个人的优缺点，这样才能制定出合理、有指导意义的职业规划。总结起来，大家一定要注意以下三点：

一、根据自己的性格、特长与兴趣规划自己的发展目标

你有没有考虑过所从事的工作要求是不是自己所擅长的项目呢？不要小看了这一细节，它是职业生涯能够成功发展最关键的核心。如果你从事的是自己擅长的工作，那你一定会工作得游刃有余；因为从事自己所喜欢的工作，你一定能够在工作中长时间保持一颗愉悦的心情。如果你所从事的工作，是自己所擅长又喜欢的，那么你必然能够快速从人群中脱颖而出。而这正是一个成功的职业规划最核心的内容。

二、考虑实际情况，保证规划的可执行性

有些职场人士雄心勃勃，希望自己能在最短的时间内看到效果。其实很多时候，短时间内工作虽具有一定飞跃性，但路还是要一步步走的，更多时候还要经历一个满满积累的过程，也就是资历的积累、经验的积累、知识的积累，所以职业规划绝对不能太过好高骛远，相反，我们要根据自己的实际情况，一步一个脚印，层层递进，只有这样，才能在最终实现自己的梦想。

三、职业规划发展目标，必须遵循可持续发展战略

职业发展的顺畅，则为我们的幸福保驾护航。职业发展规划是一种可以贯穿自己整个职业发展生涯的远景展望，并不是一个阶段性的目标，所以职业发展规划必须具备可持续发展性。如果职业发展目标

过于短浅，不仅会抑制个人奋斗的热情，不利于我们个人的长远发展，更会影响我们的幸福感。

 幸福悟语：

　　每个人都有自己的梦想，然而当我们遥望它的时候却总觉得它离我们太过遥远，正是因为这样，很多人最终不得不选择放弃，因为他们根本就不知道怎样才能到达梦想的跟前。然而精于规划的人却不会这样做，他们会将一个大的目标分解成几个阶段，计划好自己每一步路的行程，当他们达成了一个又一个的目标，拥有了一个又一个成就感的时候，却发现成功与幸福已经近在眼前了。

拥有希望，让生命永不枯竭

　　有句话这样说：明天的希望，让我们忘了今天的痛苦。希望可以给我们带来幸福，尽管环境依然很糟糕。栽下我们的幸福树，幸福树的苗壮度越高，结出的果实也越多。我们可以通过浇水、施肥、除虫，增加幸福树的苗壮度，使它结出更多果实！

　　希望是什么？希望就是在我们失意的时候的一盏明灯。生活充满了疲惫，当我们在一天走累了，停下来回首来时路，才发现故乡已在万重山外；就是穿梭在人群中，听到熟悉的乡音，就会感受温暖片刻。很多不经意的事情，常勾起心底最深处的涟漪。我们那不再年轻漂泊的心，会在夜深人静的时候泛起阵阵的乡愁，过去的很多人、事、物，有些过去再也回不来了。因此，我们要珍惜当下，感谢拥有！积极生活在希望之中。希望是积极心态的催生剂，有了希望，又有一颗积极的心，没有办不成的事情，幸福也不会再遥远。

希望是我们生命不竭的原因所在，记住，不论在任何情况下，我们都不能丢掉希望，生命的动力来源于我们的永不放弃。

美国作家欧·亨利在他的小说《最后一片叶子》里讲了个故事：病房里，一个生命垂危的病人从房间里看见窗外的一棵树，在秋风中树叶一片片地掉落下来。病人望着眼前的萧萧落叶，身体也随之每况愈下，一天不如一天。她说："当树叶全部掉光时，我也就要死了。"一位老画家得知后，用彩笔画了一片叶脉青翠的树叶挂在树枝上。最后一片叶子始终没掉下来。只因为生命中的这片绿，病人竟奇迹般地活了下来。

这个故事告诉我们，人生可以没有很多东西，幸福也可以暂时离我们而去，但却唯独不能缺少希望，希望是我们生活里的一项重要的价值。有希望之处，生命就生生不息！有了希望，幸福就会来临；只要心存信心，总有奇迹发生，希望尽管渺茫，但它永存人世，给人以前进的曙光！

美国人克里斯托弗·里夫在电影《超人》中扮演超人而一举成名。但世事难料，一场大祸从天而降。

1995 年 5 月 27 日，里夫在弗吉尼亚一场马术比赛中发生了意外事故。他骑的那匹东方纯种马在第三次试图跳过栏杆时，突然收住马蹄，里夫防备不及，从马背上向前飞了出去，不幸的是，摔出那一刻他的双手缠在了缰绳上，以致头部着地，第一第二节颈椎全部折断。

五天后，当里夫醒来时，他正躺在弗吉尼亚大学附属医院的病房里，医生说里夫能活下来就算是万幸了，他的颅骨和颈椎要动手术才能重新连接到一起，而医生不能够确保里夫能活着离开手术室。

那段日子里夫万念俱灰，许多次他甚至想轻生。他用眼睛告诉妻子丹娜："不要救我，让我走吧。"丹娜哭着对他说："不管怎样，我都会永远和你在一起。"

随着手术日期的临近，里夫变得越来越害怕。一次他3岁的儿子威尔对丹娜说："妈妈，爸爸的膀子动不了呢。""是的，"丹娜说，"爸爸的膀子动不了。""爸爸的腿也不能动了呢。"威尔又说。"是的，是这样的。"

威尔停了停，有些沮丧，忽然他显得很幸福的样子，说："但是爸爸还能笑呢。""爸爸还能笑呢。"威尔的这一句话，让里夫看到了生命的曙光，找回了生存的勇气和希望。10天后的手术很成功。尽管里夫的腰部以下还是没有知觉，但他毕竟克服了剧烈的疼痛而顽强地活了下来。他充满自信，每天坚持锻炼，以好身体和好心情迎接每一天。后来，他不仅亲自导演了一部影片，还出资建立了里夫基金，为医疗保险事业作出了贡献。里夫坚信他会在50岁之前重新站立起来，他要做一个真正的"超人"。

在克里斯托弗·里夫的自传里，他郑重地记下了儿子的那句话："但爸爸还能笑呢。"是的，不管灾难有多严重，都要记得，我们还有希望。

这个故事告诉我们，不论环境多么的恶劣，我们都要坚持希望，只有希望能让生命永不枯竭，故事中里夫尽管遭遇不幸，生命随时可能被夺去，但他有亲人的关心和爱护，儿子一句"爸爸还能笑呢"鼓舞了他，让他燃起生存的勇气和希望，最终战胜病魔，重新站了起来。幸福也一样，当你心灰意冷的时候，幸福就会悄悄溜走，当你重塑希望时，幸福也会及时地回到你身边。

如果没有这一秒的失望，就不会有下一秒的希望。失望可怕吗？

我们是否是逃避了就没有了失望？希望并没有那样遥远，它是摆脱冬天最后一层冰雪的桎梏，春天再次开启四季的轮回之门；是摆脱蛹中的最后一次挣扎，终于破茧成蝶。同样，摆脱失望的最后一秒，我们就会迎来生命的下一次希望！

 幸福悟语：

希望是一盏灯，照亮了我们前进的路。你还为失去的事物郁郁寡欢吗？你还为得不到的东西而心生悲戚吗？你还为找不到幸福的踪影而黯然伤神吗？不必着急和伤心，你完全可以重塑希望之灯，在内心的鼓舞之下去发现你应有的幸福。只要心生乐观，幸福就不再遥远！

打牢健康的根基，让幸福恒久远

"曾经有一个健康的身体摆在我面前，我没有珍惜，失去后才后悔莫及，尘世间最痛苦的事情莫过于此！如果上天再给我一次机会，我会说'我一定善待自己，珍惜健康'，如果非要加上一个期限的话，我希望是一辈子！"患者改编台词反映出强烈的心声，也正是我们打造幸福急需的关键条件，那就是拥有健康。

健康是我们最重要的储蓄之一，可以说，健康是幸福的基础。"身体是革命的本钱"。这句话每个人都知道，然而又有多少人能够真正读懂它的含义呢？尤其是在现代这个快步发展快速前进的社会里，人们为了生活，为了理想，为了实现自己一个又一个愿望时，常常会忘记疲劳，忘记辛苦，费尽所有的辛劳和力气去为之奋斗，这时已经完全忘记自己的身体正在承受着重负，总是等到自己身体提出抗议，彻底倒下不能接着干时才知道去医院检查，可是等身体刚恢复人们又一如既往地操劳。我们忽视健康，终有一天我们的身体会给自己找来麻烦。

曾有位老师对我们的健康做过一个比喻：健康是数字1，工作、情感、财富、成功、幸福等都是跟在健康1后面的0，假如健康1不存在了，其他的东西就将毫无意义。这个比喻是很恰当的，它告诉我们：没有健康，其他都是零。

请看下面一则故事：

有这样一个小故事：有一个马戏团的小丑，他虽拥有健康的身体，却天天抱怨上帝不公平，没有赐给他财富和幸福，上帝听到了，就在梦中送给他红、黄、蓝、绿、紫五个重量、手感一样的球，告诉他只要不停地抛球，就能得到他想要的一切，如果球没有接住，只要不碎，他也会拥有一切！于是，这个小丑就每天不停地抛着这些球，终于得到了他梦寐以求的一切。一天，当他抛球的时候，一不小心红球掉到地上了，他吓了一跳，就在他懊恼的时候，那个球竟然弹起来了，他开心地接住又继续抛球。在以后的日子里黄球、蓝球、紫球相继落到地上都弹起来了，这个小丑此时特别想知道绿球落到地上是不是也会弹起来，于是，他故意不接绿球，令他没想到的是绿球摔碎了，他也跟着摔倒在地上不动了。原来他并不知道，绿球指代的是健康啊。

通过读故事我们明白，其实我们每个人的一生都像是小丑在不停抛着他手中的球，每个球都有它指代的意义，球代表的东西就是我们所拥有的：红色球指代情感、黄色球指代财富、蓝色球指代工作、绿色球指代健康、紫色球指代幸福，在这些球里面，工作、情感、财富、幸福的球都是用橡胶做的，即使玩家没接住，掉在地上也会再弹起，只有健康这个球是用水晶做的，一旦玩家没接住，掉在地上就碎了，再也没有了。

人生无常，更需珍惜健康。我们要珍爱生命，珍惜幸福时光。当我们去医院探望生病的父母长辈或亲朋好友时，会因病人身心痛苦而感到忧伤，也会因在医院遭遇看病难产生的无奈难堪而愤懑，从心底发出健康多么重要的感叹。

当我们因为身边的朋友或亲人因健康问题离我们而去，心情异常沉重时，总会提高对生命和健康时不我待的认识，将人世间一切无谓争论和名利得失都看淡看轻；感叹生命的短暂和脆弱，更加珍惜自身的健康状况。

珍惜健康、珍爱生命、把握幸福，远离不良生活习性，永葆健康快乐和友善平常心，是我们应时时牢记的警诫。教练老师常说的一句话就是："嘴角微微上翘，给自己一个甜美的微笑，让心中充满爱和善的念头"，就是希望我们健康长在、生命放彩。

重视健康的人才能拥有快乐和幸福。保持健康的心态，注重消除影响健康的一切不利因素，营造良好平和的积极心态，打造出强健的身心体质。健康是对生命的重要呵护，毁坏健康就等于是慢性自杀，就等于是对自己生命的无情摧残，对我们亲人的无情伤害。

珍重健康就必须有一个良好的生活方式，它是健康的基石。如果侵染抽烟喝酒、昼夜颠倒、暴饮暴食、安坐不动、懒散恶逸等不良生活习性，身体就会很快垮掉，人生难能长寿和幸福；只有不断调整优化生活方式，纠正不良嗜好，戒烟限酒、适量运动、合理膳食、平衡心态，生活有序，健康才能永存。

人生健康的精神食粮基于有一个良好的心态，这是我们创造人生幸福快乐的保证源泉。有钱、有权、有势，但健康他不一定就有；无钱、无权、无势，但不一定不健康。假如人们整天钩心斗角，害怕被人整，算计整别人，病魔就会存在于他的身心，身体随之就会有病殃。

心存善良、利人博爱、乐观豁达、宁静自然，身体才会健康，心情才会舒畅。

人是依附于自然界的一种生命体，生命在于运动。只有通过不断的"接地运动"，保持天地人融合、天地人和谐，人体才能不断吸收和补充大自然的精气，保持体内乾坤元气的充足和身体各肢体及器官功能的正常。经常保持锻炼，才能让身体更健康，让学习、工作、生活更加其乐融融、人生尽享幸福快乐。

保持我们的身心健康，需要我们以实际行动来践行，需要我们多花点时间和金钱、多微笑，多进行锻炼。常说，身体是革命的本钱，只有身体健康了，生命才能延长，才会拥有更多的精力和时间去努力学习和工作，为社会多作贡献。如果只拼命工作而不知道休息，不重视健康，那拥有再多的财富又有什么用呢？任意让不良习性损害身体，生命就会因此过早走向不归路，幸福消失的也会更快。试想，连身体之本都没有了，金钱、财富、事业、爱情等，一切也将成为过眼烟云。

现在的人为了实现自己的目标，不停地透支着健康。很多白领过劳死，一个个鲜活的生命离开了人世，他们可能拥有着多过我们数倍的财富和名气，却也没能换回他们的健康和生命。残酷的教训已经给我们敲响了警钟，工作没了可以再找，钱花光了可以再挣，情感没了可以再找，幸福没了可以再寻觅，只有健康，是我们用钱买不回来的！

所有的父母都希望孩子们健康平安，所有的孩子都希望父母们健康平安。为了我们的父母，为了我们的孩子，为了大家的幸福生活，请倍加珍惜我们的健康！

 幸福悟语：

我们在表达祝愿的时候，总不忘说一句：祝您健康！可见，健康对于大众来说，是多么珍贵的宝物。拥有健康的体魄，远离疾病，你的人生将是多么美好的境界，它与一切的名利、富贵都无关，有了健康，就拥有了一切。请珍惜健康，珍爱生命吧，这才是人生快乐幸福唯一的意义和真谛！

一切都是浮云，唯有珍惜能读懂幸福

在人的一生中，值得我们珍惜的东西太多，无论是珍惜时间、珍惜生命、珍惜亲情、珍惜友情抑或是珍惜爱情，这些珍惜的意义看起来很简单，但要真正做起来，就会显得很不在意。其实，幸福就在我们的珍惜之中显现出来，幸福也正因为珍惜才长久地停留在我们的周围，珍惜是福！

在我们人生的旅途上，充满坎坷和艰辛，而载着你迈着坚实的脚步不断前行的，是为你无私奉献的亲人。这种亲情及友情让你觉得有坚强的后盾，无论走到哪里，都会有一种力量支持着你，由此，你会感到很幸福，但这种幸福需要我们去好好珍惜。

懂得珍惜吧，哪怕是我们在很多年以前采摘的一枚红叶，当我们偶尔翻开书卷，看到它时，会有一种什么样的感觉呢？你会因为回忆起当年的情景而倍感幸福，你是否会觉得它现在更值得你珍惜呢！

幸福的身影常常在暗淡中降临，它们绝大多数是朴素的。不会像流星一样，在很高的天际闪烁着耀眼的光芒。它也不喜欢喧嚣浮华，只会在人们的珍惜中出现。那些患难中心心相印的一个眼神，困境中相濡以沫的一个烧饼，父母一次粗糙不经意的抚摸，爱人送来的一个温馨的微笑，等等，这些都是幸福的见证。

请看下面一则故事：

一个单亲爸爸，独自抚养一个小男孩。有一天出差要赶火车，没时间陪孩子吃早餐，他便匆匆离开了家门。回到家时孩子已经熟睡了，旅途中的疲惫，让他全身无力。正准备就寝时，突然大吃一惊：棉被下面，竟然有一碗打翻了的泡面……

盛怒之下，他朝熟睡中儿子的屁股，一阵狠打。

为什么这么不乖，惹爸爸生气？你这样调皮，把棉被弄脏……这是妻子过世之后，他第一次体罚孩子。

"我没有……"孩子抽抽咽咽地辩解着："我没有调皮，这……这是给爸爸吃的晚餐。"

原来孩子为了配合爸爸回家的时间，特地泡了两碗泡面，一碗自己吃，另一碗给爸爸。因为怕爸爸那碗面凉掉，所以放进了棉被底下保温。

爸爸听了，不发一语地紧紧抱住孩子……

原来幸福就在一碗打翻的泡面里啊，有人惦记的感觉真好！

幸福原来就是一碗充满亲情味道的方便面啊！可是，生活里，我们很多人发现不了或者是视而不见这些简单的幸福，总去追求那些缥缈的富贵和名利，与幸福渐行渐远。幸福就是享受阳光空气，这是造物主给每一个人的共同财富；享受清风明月，这是大自然给人们的最廉价也是最美好的东西。珍惜这些普通的东西，你就是幸福的！

一位女孩秀慧双修，她在大学毕业后拒绝了很多优秀男孩的追求，而是选择了一个毫不起眼且个子矮小的同事。周围的许多人都觉得不可思议，就连她的闺中女友也表示不理解。而她自己却很坦然，在人们疑惑的目光中，她披上婚纱走进了"围城"。多年以后，当她的同学们都疲倦于营造自己的一隅、失望于当初幻想的破灭之时，同学聚会时众人才发现：这位女孩并没有如他们原先所想象的那样，被困在一个庸碌无为的圈子里，憔悴不堪，而是依然光彩照人，甚至比以前还多了一份成熟的雍容和深刻。他们手牵手地向众人走来，眼中流露出的是生生世世的依恋和从容，让在场的每一个人都怦然心动！这位女士告诉大家，她的男人并不是最优秀的，有着许多的缺点，但这些在她还没有接受他的时候就已经知道，而她愿意，要将自己的感情托付给这个在她遇到挫折的时候默默地帮助她、在她失意的时候热情地鼓励她，并且从不索取任何回报的男人，今生今世与他相伴在一起。

上述故事中，女孩的珍惜和感恩打动了许多人，幸福不在于你如何趋利避害，而在于把握住最真最善的东西。想一想，如果有一份执着而持久的感情和一份金玉其外转瞬即逝的"感情"，我们会选择哪一种？幸福在于选择，更在于珍惜。

朋友，我们万不可因为别人的眼光而改变了自己的挚爱，莫要活在别人的眼光里而失去了自己！感情不能贪心，也不是梦想。所以，我们要用心来守候属于自己的、并不惊天动地的爱情，等待之后便是一生一世的厮守。

 幸福悟语：

世间的事物充满了变数，走过后才发现珍惜的可贵，它是一种情感的体验和心境的平衡；是一种难解的情缘和生命的延伸。珍惜我们所拥有的一切吧，不然，你会感到遗憾。在不知不觉间，友情、亲情、爱情会从我们的身边悄悄地溜走，我们会感到孤独、无助。所以，学会珍惜，懂得拥有吧，有哪一条小船不愿意找到让心灵停泊的港湾呢？

懂得珍惜身边的一切，你将拥有人生中最大的幸福。

认知自我的幸福定律，路要一段段地走

苏格拉底说过："未经审视的生活是不值得过的。"我们要对自己的生命进行仔细审视，让我们的生活变得鲜活起来。简单的物质生活，自在的精神享受，也许是你认知自我后得出的适合自己的幸福定律，但成功的路需要一段段地走，追寻幸福的路也不能心急，边寻找边思考，你会得到很多。

"一日三省吾身"，要反省自己本身，要反省自己所遇到做过的事。勇敢面对自己，自我剖析，认知自我，才更容易获得幸福。每个人都是矛盾的集合体，都有优点和缺点，好的方面我们要发扬，坏的方面我们要改正。总之，自己要认知自我，了解自己，敢于面对现实的自己，探索出一条适合于自己的幸福定律。

我们可能每天反反复复地念叨，害怕自己失去这个，得不到那个，要不就是担心明天老板会不会一气之下炒了自己的鱿鱼，担心自己的房贷到时候还不上。然后就是担心自己的恋人有一天突然会跟自己提出分手，原因是你不能给对方更多。好了别想了，这么活着多累啊，李白有句诗说得好："人生得意须尽欢，莫使金樽空对月。"人生最重要的是快乐，好好把握现在吧，你不应该让自己活得太累。

心理负担太重，感觉活得很累的人往往不能很好地调整自己的心态，每遇不幸之事发生时，很容易对生活产生悲观想法，而不是辩证、乐观地去看待，似乎世界末日就要来临了。甚至连看电视时看到某地

发生了地震，死了许多人，也会紧张得要命，夜里不得安睡，总是疑心地球要爆炸了，说不定哪天自己就要驾鹤西行了，这些杞人忧天的心理确实干扰着很多人的生活。

如果长此以往，认知不了自我，总是让自己生活在心情沉重、感情压抑之中，那将是非常可怕可悲的事。处处都要考虑得失，时时都要注意不必要的小节，你还有更多的时间去干大事，去成就你的大事业吗？回答当然是否定的。因为你连很小的一件事都要左思右虑，时间就在你的犹豫中溜走了。也许，当你老了的时候，回过头来会发现自己是那么渺小，两手空空，一事无成，幸福也随着时光流逝了。到那时，你也只有空悲切了。因此，认知自我，还要摆正我们的心态。

请看下面一则故事：

一天偶然中我发现，一只黑蜘蛛在后院的两檐之间结了一张很大的网。难道蜘蛛会飞？要不，从这个檐头到那个檐头，中间有一丈余宽，第一根丝是怎么拉过去的？后来，我发现蜘蛛走了许多弯路——从一个檐头起，打结，顺墙而下，一步一步向前爬，小心翼翼，翘起尾部，不让丝沾到地面的沙石或别的物体上，走过空地，再爬上对面的檐头，高度差不多了，再把丝收紧，以后也是如此。最终，一张大网结成了，我们家也少了许多蚊虫。

这个故事告诉我们，蜘蛛不会飞翔，但它能够把网凌结在半空中，完全是由一步一步地结成的，从不偷奸耍滑。蜘蛛是勤奋、敏感、沉默而坚韧的昆虫，它的网织得精巧而规矩，八卦形张开，仿佛得到神的助力。完成了劳动成果，蜘蛛也是幸福的。蜘蛛的做法，让人联想起那些沉默寡言的人和一些深藏不露的智者，辛勤劳作的人是最幸福的，他们知道路要一段段的走，方可找到幸福。

我们要活得舒心，活得快乐和潇洒，就要学会认知自我，学会知足和随遇而安。知足、随遇而安就是幸福。我们和有钱、有势、有权的人一样，都是人。因为都是人，就没有必要仰人鼻息，笑脸求人！生活毕竟不是演戏，无须用太多的脂粉去涂抹自己，无须戴上"面具"去"逢场作戏"！想笑就笑，想唱就唱，挣多挣少都心地坦然，活得朴素自然，活得坦坦荡荡。这就是舒心，这就是快乐，这就是潇洒！

很多时候，我们感觉无尽的疲惫袭来，感觉自己活得很累，就是因为想得太多。身体累不要紧，可怕的是心累。心累就会影响心情，会扭曲心灵，会危及身心健康，更会消耗幸福感。其实每个人都有被其他事物所牵累、负累的时候，只不过有些人会及时地调整，而有些人却深陷其中不得其乐。这个社会充满了竞争压力，生活有太多的难题和烦恼，要活得像神仙一样一点不累根本不现实。不同时代的人有着不同的精神状态，以前，我们的物质生活很贫乏，但精神生活却很富足；如今，我们的物质生活提高了，可精神生活却匮乏了。要让自己豁达开朗，不必逢事就是喜欢钻牛角尖，让自己背负着沉重的思想包袱，把事情考虑得太周全，这就造成了我们活的累。反过来，我们换一种生活态度，遇事随遇而安，一段段地走路，幸福则变得简单。

生命对我们来说又是那么宝贵、那么短暂，而让我们活得累是件很痛苦的事，我们何不换一种活法，让生活过得轻松、悠闲一点，用心去感受生活中的阳光，把阴影抛开。即使工作任务很重，也要抽出一点时间来放松一下自己，那样会对你的生活更有益处，对你发现未知的幸福也是种很有效的启发。

 幸福悟语：

辛勤的蜘蛛一步一步地将网结成，执着造就了奇迹。我们在发现幸福的道路上，不能一门心思地寻找捷径，殊不知越着急越伤心，只有一步一个脚印地前进，一段一段地把脚下的路走好。我们不是超人，需要深刻地认知自我，唯有内心稳重和踏实了，才会与幸福不期而遇。

坚持本我特色，方可走向未来卓越

人生苦短，我们没有必要总是按别人的意愿而生活。如果我们的一生都在听从别人的安排，不能做自己想做的事情，那将是一件很可悲的事情。其实我们的幸福，不在于你为自己集聚了多少财富，不在于你有了多么显赫的地位，而在于你一生中做自己喜欢的事情比做自己不喜欢的事情多。坚持本我的特色，方可发现到你未知的幸福，走向未来的卓越之路。

有句名言说："走自己的路，让别人去说吧！"这是我们追求自己的幸福最应该遵循的人生准则。我们总是有着自己的追求和理想，也许这些追求和理想很不切实际，是一些无稽之谈，但是只要你觉得这些事情能够办成，那最好还是不要受到别人的影响，坚决地去办吧。有句话说得好："真理往往掌握在少数人手里。"很多事实都告诉我们，不必在乎别人说什么，只要按照自己的意愿去生活，坚持本我特色，你就会觉得你可以因此得到更多的快乐和幸福。

请看下面一则故事：

一位平凡的女子，出生在一个平常的家庭，做着一份平常的工作，嫁了一个平常的丈夫，有一个平常的家，总之，她十分平凡。

有一天，电视台大张旗鼓地招聘一名特型演员，演王妃。她的一位好友替她寄去一张应聘照片，不料，这个平凡女子从此开始了她的"王妃"生涯。

演出太艰难了，她阅读了许多有关王妃的书，她细心揣摩王妃的每一缕心事，她一再重复王妃的一颦一笑、一言一行……

不行，不行，这不行，那也不行！导演、摄影师无比挑剔，一次又一次让她重新来演。

现在，那位平凡女子已能驾轻就熟地扮演"王妃"了，进入角色已无须费多少时间。但糟糕的是，现在她要想恢复到那个平常的自己却非常困难，有时要整整折腾一个晚上。每天早晨醒来，她必须一再提醒自己"我是谁"，以防止毫无来由地对人颐指气使；在与善良的丈夫和活泼的女儿相处时，她必须一再告诫自己"我是谁"，以避免莫名其妙地对他们喜怒无常。

平凡女子深有感触地对人说："一个享受过优厚待遇和至高尊崇的人，回到平常实在是太难了。"说这话时，她仍然像个"王妃"。

这个故事告诉我们，坚持本我特色就必须从自身的环境条件出发，平凡女子演绎并演活了"王妃"，就是从王妃的"本色"特点出发，成就了她的演艺事业。然而，假作真时真亦假，由于坚持了另一个人的生活特色，以至于曲终人散后，自己的平常生活特色就很难找到了。

我们要坚持本我特色，获取成功就要尽量地了解自己。如果对自己的优点、缺点都不清楚，那就很难在工作中扬长避短，挑战自我。

歌德说："每个人都应该坚持走为自己开辟的道路，不为流言所吓倒，不受他人的观点所牵制。"让人人都对自己满意，这是个不切实际、应当放弃的期望。在生活中我们时常会看到，有些人好像不在自己意志的指挥之下过活，而是在别人给他划定的范围之内兜圈子。

他们奉为圣旨、赖以决定自己动向的，是"别人认为应怎样怎样"，"我如不这样做，别人会怎样说"，或"假如我这样做，别人会怎样批评"。不幸的是，活在别人的嘴里，最终也找不到自己。

杰克留胡子已有多年，有一天他准备把胡子剃掉，可是又有点犹豫：朋友、同事会怎么想，他们会不会取笑我？

经过数天的深思熟虑，他终于下决心只留个小胡子。第二天上班时，他已有足够的心理准备来应付最糟的状况。结果出乎意料，没有人对他的改变有任何评语，大家匆匆忙忙来到办公室，紧紧张张地做着各自的事情。事实上，一直到中午休息时没有一个人说过一个字。

最后他忍不住先问别人："你觉着我这样子如何？"

对方一愣："什么样子？"

"你没注意到我今天有点不一样吗？"

同事们这才开始从头到脚打量他，最后终于有人嚷出："噢！你留了八字胡。"

这个故事提醒我们，万万不要以为自己是世界的中心，每天对自己的梳妆打扮，你的苦心也许根本就没人注意。大家都在忙自己的事，只要你也把注意力放在你值得去做的事情上，不要总惦记着别人怎么样评价你，你的成功和幸福就会主动地来找你。

在我们的生活里，有些人不喜欢自己，因为他们无法接受自己。不接受自己的人，常常心情郁闷，对生活中的一切都没兴趣；他认为自己思想怪诞，怀疑自己患有某种精神病；他还抱怨周围的亲友、同事、邻居不能理解他等。实际上，他没有任何精神病，问题在于他不能接受自己，从而影响到他对别人的接受，并进而产生其他方面适应的困难。由于他不曾意识到这点，无病自扰之，表现出自暴自弃的倾向。

坚持本我特色，按自己的意愿去生活，确实不是一件简单的事。它的不易之处就在于，想法和行动之间，隔着自身的惰性、世俗等的阻碍，一个人要想按照自己的意愿去生活，既要战胜自己，又要抵抗别人，这简直是不可能完成的任务。

我们的目标意愿有大有小，有强有弱。我们要达成什么样的目标，要过什么样的生活，以我们现在的能力，急功近利急于求成索要这些本不属于我们的东西，不仅少有成功，即使成功也很难驾驭得了，反增添了固执痛苦和孤独。与其不切实际地胡猜乱想，还不如把握住我们每天的生活之路。

不按照自己意愿生活的生活是苦不堪言的，失去自我的人生是索然无味的。要想拥有幸福而美好的生活，就必须自强自立，坚持自我本色。没有生存能力又缺乏自信的人，肯定没有自我。一个人若是失去了自我，就没有了做人的尊严，就不能获得别人的尊重。

实现了自己的人生价值，我们活着才更有意义。按照自己的意愿去活，不随意迎合别人的意见。我们时刻要坚持自我的本色，与其把精力花在一味地去献媚别人、去顺从别人，还不如把主要精力放在踏踏实实做人上、兢兢业业做事上、刻苦学习上。改变别人不容易，按自己的意愿生活却不难，坚持本我特色，走向未来的卓越。

 幸福悟语：

对于一个人来说按照自己的意愿去生活比什么都重要，不在乎别人的评论，做自己想做的事情，这是作为追求幸福的我们走向成熟的标志。这个世界上，需要执着，需要信心，也需要快乐。用心去做自己想做的事情吧，你需要按照自己的意愿走完生命的全程，你也会发现生命中众多未知的幸福！